와이즈만 영재교육연구소 지음

3권

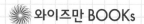
와이즈만 BOOKs

즐깨감 계산력 3권

1판 1쇄 인쇄 2020년 12월 10일
1판 1쇄 발행 2020년 12월 20일

지음 와이즈만 영재교육연구소

발행처 와이즈만BOOKs
발행인 염만숙
출판사업본부장 김현정
편집 오성임 박종주
표지 디자인 이인희
본문 디자인 도트
일러스트 이인실
마케팅 김혜원 김유진

출판등록 1998년 7월 23일 제1998-000170
제조국 대한민국
사용 연령 8세 이상
주소 서울특별시 서초구 남부순환로 2219 나노빌딩 5층
전화 02-2033-8987(마케팅) 02-2033-8983(편집)
팩스 02-3474-1411
전자우편 books@askwhy.co.kr
홈페이지 books.askwhy.co.kr

수학에 대한 자신감은 《즐깨감 계산력》으로 시작됩니다!

와이즈만 영재교육은 지난 15년간 창의사고력 수학 교육을 지속해 오면서 학생들의 수학 실력을 결정짓는 몇 가지 핵심 요소들을 확인할 수 있었습니다.

그 첫 번째는 수학에 대한 태도입니다. 수학을 재미있어 하고 즐기는 아이가 그냥 수학 성적이 좋은 아이보다 학년이 올라갈수록 수학을 더 지속적으로 잘하게 된다는 것입니다. 수학과 친해지는 동기로는 학습 과정에서 부모님과 선생님의 칭찬과 격려, 그리고 흥미와 성취감을 유발하는 사고력 수학 문제를 많이 접해본 경험이 매우 중요했습니다.

두 번째는 바로 기초 연산 능력입니다. 수와 연산, 도형, 확률, 통계, 규칙성과 문제해결 등 여러 수학 영역이 있지만, 계산을 정확하고 빠르게 하는 아이일수록 수학 성취도가 높게 나왔습니다. 연산 능력이 높은 아이는 수학에 대한 자신감도 높았으며, 학습을 통해 연산 실력이 향상될수록 타 영역의 점수와 수학 자신감도 비례해서 개선되는 효과가 있었습니다.

결국 초등 수학에서는 계산력이 좋아지면, 주위의 칭찬과 격려가 많아지고, 자신감도 높아지며 수학이 좋아지는, 바람직한 선순환이 이루어진다고 할 수 있습니다. 사실 아이의 계산력은 부모가 조금만 관심을 가지면 탁월하게 발달시킬 수 있습니다. 계산력 훈련의 핵심은 적은 시간이라도 매일 꾸준히 반복하는 것입니다. 그러다 보면 금세 실력이 향상되는 것을 느낄 수 있습니다.

이 책《즐깨감 계산력》은 각 단원마다 개념과 원리를 확실히 이해한 다음, 아이들이 지루해하지 않으면서도 충분히 연습할 수 있도록 적절한 학습량을 제공합니다. 매일매일 정해진 학습량을 규칙적으로 수행하고, 학습 결과를 스스로 기록해 나가면서 자기 주도 학습 능력도 키울 수 있도록 구성하였습니다.

《즐깨감 계산력》을 즐겁게 학습함으로써 모든 학문과 기술의 기초인 수학과 친구가 되는 멋진 경험을 하시기 바랍니다.

와이즈만 영재교육연구소장 이미경

《즐깨감 계산력》의 특징이에요

1 학년별 2권, 하루 2쪽 학습으로 계산력 마스터

《즐깨감 계산력》의 권장 학습량은 1일 2쪽입니다. 학습량이 적어 보이더라도 매일 꾸준히 학습하다보면 1주일마다 하나씩의 단원이 완성되고, 2개월이면 한 권을 모두 끝내게 됩니다. 한 학년에 익혀야 할 연산 학습을 4개월이면 모두 마스터할 수 있으므로, 학교 진도의 보충 교재로 사용할 수도 있고, 제 학년을 넘어 다음 단계의 연산 학습을 계속 이어갈 수도 있습니다.

2 '개념 이해 → 계산 훈련 → 학교 시험 완벽 대비'의 3단계 구성

한 단원의 학습은 1주(6일)간 진행됩니다. 1일차에는 만화와 스토리텔링 문제로 개념을 이해하고, 2일차부터 5일차까지는 계산력을 충분히 훈련하여 연산이 자연스럽게 체화되도록 합니다. 6일차에는 연산이 적용된 교과 문제들로 실전 훈련을 함으로써 그 단원의 계산력을 최종 완성합니다.

3 초등 수학의 수와 연산을 체계적으로 공부할 수 있는 커리큘럼

초등 수학에 나오는 수와 연산 내용을 스몰 스텝(기초부터 한 단계씩 학습)으로 구성하여 아이들이 쉽게 공부할 수 있도록 체계화했습니다. 기존 연산 책과 달리 연산 영역뿐 아니라 연산에 앞서 알아야 할 수의 개념까지 담고 있으며, 앞에서 학습한 내용이 뒤에 나오는 내용과 자연스럽게 이어지도록 하여 아이들이 자신감과 성취감을 느끼며 학습할 수 있습니다.

4 실수를 줄이고, 계산 속도를 높이는 특별한 구성

연산은 정확성과 속도가 모두 중요합니다. 이 책은 '정확히 풀기'와 '빠르게 풀기'를 2회씩 번갈아 구성함으로써 원리를 적용하는 첫 단계에서는 정확하게, 이후에는 실수를 줄이면서 계산 시간도 단축할 수 있도록 충분한 연습량을 제공합니다. '정확히 풀기'에서는 계획된 풀이 과정을 수행하며 답을 풀게 되며, '빠르게 풀기'에서는 정확도와 함께 연산 속도를 높이는 데 더욱 집중하게 됩니다.

5 규칙적인 공부 습관 형성

연산 학습은 아이에게 규칙적인 공부 습관을 길러 주기에 딱 맞는 소재입니다. 수와 계산에 대한 감각은 자주 접할수록 향상되므로 적은 양이라도 매일 꾸준히 학습하는 것이 필요합니다. 아이들이 반복 학습을 지루하게 느끼는 것은 매우 정상적인 반응입니다. 이는 학부모의 관심과 격려, 그리고 과제를 성공적으로 마쳤을 때 스스로 느끼는 성취감으로 극복할 수 있습니다. 이런 과정을 통해 아이는 자존감이 커지고 자기 주도 학습 능력이 길러지게 됩니다.

《즐깨감 계산력》의 구성이에요

《즐깨감 계산력》은 1가지 학습 주제를 1주일에 6일 동안 공부하여 계산력을 완성합니다.

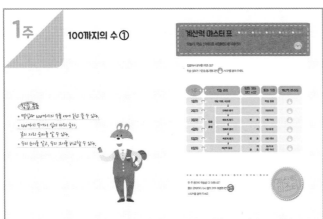

학습 목표 및 학습 성취도 표
한 주의 학습을 한눈에!

- 주마다 배울 내용과 학습 목표를 제시합니다.

- '계산력 마스터 표'에 날마다 학습한 결과를 엄마와 아이가 체크하여 한 주 학습을 잘했는지 점검합니다.

- '계산력 마스터 표'에 제시된 표준 정답 수와 표준 시간은 《즐깨감 계산력》의 집필진과 편집부, 출간 전 실시한 소비자 모니터의 결과를 분석하여 적절하다고 판단한 기준입니다.

1일차 수학적 개념과 원리를 이해합니다.

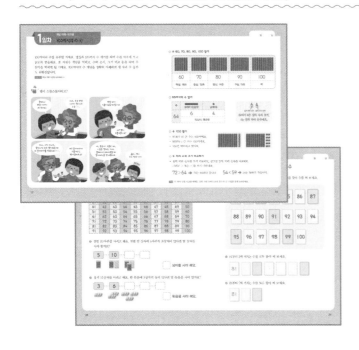

개념 이해/사고셈
흥미로운 연산 공부로의 몰입과 도전!

- 배우게 될 내용과 관련된 수학적 상황이 만화 속에 숨어 있어 아이가 흥미롭게 학습을 시작합니다.

- 새 교육 과정에 나오는 수와 연산에 대한 개념과 원리를 친절하게 설명해 줍니다.

- 본격적인 연산 훈련에 앞서 다양하고 재미있는 사고력 문제로 즐겁게 학습에 도전합니다.

2~5일차 **반복 훈련을 통해 계산력을 체화합니다.**

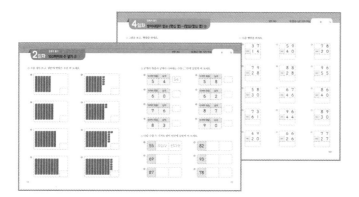

정확히 풀기

2일차, 4일차 원리 적용 연습!

● 구체적 상황이나 계획된 풀이 과정이 제공된 문제를 하루에 2쪽씩 정확히 풀며 계산력을 향상시킵니다.

● 맞은 개수를 체크하며 스스로 자신의 실력을 확인해 봅니다.

빠르게 풀기

3일차, 5일차 정확하고 빠르게 풀기!

● '정확히 풀기'에서 연습한 유형을 실수 없이 빠르게 푸는 연습을 합니다.

● 최소한의 시간 내에 풀어야 하므로 집중력과 학습 효과가 높아집니다.

6일차 **체화된 계산력을 응용, 적용하여 실력을 완성합니다.**

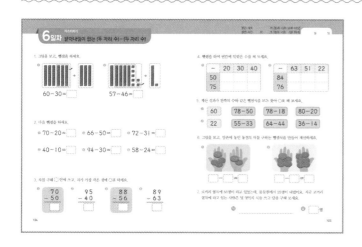

마스터하기

한 주 학습의 완성!

● 학교 시험 난이도 수준의 종합 문제로 한 주 학습을 진단하고 마무리합니다.

● 맞은 개수와 문제 푸는 데 걸린 시간을 체크하여 실력을 확인합니다.

《즐깨감 계산력》의 학습 내용이에요

초등 1학년부터 4학년까지의 연산 영역뿐 아니라 연산에 앞서 알아야 할 수의 개념까지 저학년 권에서 모두 다루었습니다. 6, 7세부터 초등 4학년으로 커리큘럼이 나누어져 있지만 우리 아이의 계산 실력에 따라 아이가 쉽게 풀 수 있는 권부터 시작해 주는 것이 가장 좋습니다.

> 《즐깨감 계산력》은 한 권으로
> 8주 동안 공부합니다.

6, 7세

1권	덧셈과 뺄셈 기초 ①/20까지의 수
1주	5까지의 수
2주	5까지 수의 가르기와 모으기
3주	10까지의 수
4주	9까지 수의 가르기와 모으기
5주	+, - 수식 이해하기
6주	9까지의 수 감각
7주	20까지의 수 ①
8주	20까지의 수 ②

2권	덧셈과 뺄셈 기초 ②/50까지의 수
1주	9까지의 수 모으기
2주	합이 9 이하인 덧셈
3주	9까지의 수 가르기
4주	차가 9 이하인 뺄셈
5주	덧셈과 뺄셈의 관계
6주	간단한 세 수의 덧셈과 뺄셈
7주	50까지의 수 ①
8주	50까지의 수 ②

초등 1학년

3권	100까지의 수/ 덧셈과 뺄셈 초급
1주	100까지의 수 ①
2주	100까지의 수 ②
3주	받아올림이 없는 (두 자리 수)+(한 자리 수)
4주	받아올림이 없는 (두 자리 수)+(두 자리 수)
5주	받아내림이 없는 (두 자리 수)-(한 자리 수)
6주	받아내림이 없는 (두 자리 수)-(두 자리 수)
7주	받아올림, 받아내림이 없는 두 자리 수 연산 종합 ①
8주	받아올림, 받아내림이 없는 두 자리 수 연산 종합 ②

4권	덧셈과 뺄셈 중급 ①
1주	10 가르기와 모으기
2주	10이 되는 덧셈과 세 수의 덧셈
3주	10에서 빼는 뺄셈과 세 수의 뺄셈
4주	세 수의 덧셈과 뺄셈
5주	받아올림이 있는 (한 자리 수)+(한 자리 수)
6주	받아내림이 있는 (두 자리 수)-(한 자리 수) ①
7주	받아올림이 있는 (두 자리 수)+(한 자리 수)
8주	받아내림이 있는 (두 자리 수)-(한 자리 수) ②

초등 2학년

5권	세 자리 수/덧셈과 뺄셈 중급 ②
1주	세 자리 수
2주	받아올림이 있는 (두 자리 수) + (두 자리 수)
3주	받아내림이 있는 (두 자리 수) − (두 자리 수)
4주	두 자리 수 연산 응용한 여러 가지 문제 ①
5주	두 자리 수 연산 응용한 여러 가지 문제 ②
6주	받아올림이 있는 (세 자리 수) + (두/세 자리 수)
7주	받아내림이 있는 (세 자리 수) − (두/세 자리 수)
8주	받아올림, 받아내림이 있는 세 자리 수 연산 종합

6권	덧셈과 뺄셈 고급/곱셈구구
1주	네 자리 수
2주	받아올림이 있는 (세/네 자리 수) + (세/네 자리 수)
3주	받아내림이 있는 (세/네 자리 수) − (세/네 자리 수)
4주	받아올림, 받아내림이 있는 네 자리 수 연산 종합
5주	곱셈의 원리와 2, 3의 단 곱셈구구
6주	4, 5, 6의 단 곱셈구구
7주	7, 8, 9의 단 곱셈구구
8주	0, 1의 단 곱셈구구와 종합

초등 3학년

7권	자연수의 곱셈과 나눗셈 초급
1주	(두 자리 수) × (한 자리 수) ①
2주	(두 자리 수) × (한 자리 수) ②
3주	(두 자리 수) × (한 자리 수) ③
4주	(두 자리 수) × (한 자리 수) ④
5주	똑같이 나누기
6주	나눗셈의 몫 구하기 ①
7주	나눗셈의 몫 구하기 ②
8주	나눗셈의 몫 구하기 ③

8권	자연수의 곱셈과 나눗셈 중급
1주	(세 자리 수) × (한 자리 수)
2주	(두 자리 수) × (두 자리 수) ①
3주	(두 자리 수) × (두 자리 수) ②
4주	(두 자리 수) × (두 자리 수) ③
5주	(두 자리 수) ÷ (한 자리 수) ①
6주	(두 자리 수) ÷ (한 자리 수) ②
7주	(두 자리 수) ÷ (한 자리 수) ③
8주	(두 자리 수) ÷ (한 자리 수) ④

초등 4학년

9권	자연수의 곱셈과 나눗셈 고급
1주	(몇백) × (몇십)
2주	(세 자리 수) × (두 자리 수)
3주	몇십으로 나누기
4주	(두 자리 수) ÷ (두 자리 수)
5주	(세 자리 수) ÷ (두 자리 수)
6주	덧셈과 뺄셈, 곱셈과 나눗셈의 혼합계산
7주	덧셈, 뺄셈, 곱셈, 나눗셈의 혼합계산
8주	( )와 { }가 있는 혼합계산

10권	분수와 소수의 덧셈과 뺄셈
1주	분모가 같은 분수끼리 덧셈 ①
2주	분모가 같은 분수끼리 덧셈 ②
3주	분모가 같은 분수끼리 뺄셈
4주	자연수에서 분수 빼기, 분모가 같은 대분수끼리 뺄셈
5주	소수 한/두 자리 수의 덧셈
6주	소수 한/두 자리 수의 뺄셈
7주	소수 두 자리 수의 덧셈과 뺄셈
8주	자릿수가 다른 소수의 덧셈과 뺄셈

1주

100까지의 수 ①

학습 목표

- 몇십과 100까지의 수를 세어 읽고 쓸 수 있다.
- 100까지 수에서 십의 자리 숫자, 일의 자리 숫자를 알 수 있다.
- 수의 순서를 알고, 수의 크기를 비교할 수 있다.

계산력 마스터 표

오늘의 학습 성취도를 매일매일 체크하세요!

집중해서 공부를 하였나요?

학습 결과가 기준을 통과했다면 👍 스티커를 붙여 주세요.

1주	학습 관리	맞은 개수 걸린 시간	통과 기준	계산력 마스터
1일차	개념 이해, 사고셈		학습 완료	
2일차	정확히 풀기	개	20/22개	
3일차	빠르게 풀기	분 초	6분 이내	
4일차	정확히 풀기	개	16/18개	
5일차	빠르게 풀기	분 초	4분 이내	
6일차	계산력 완성	개 분 초	15/17개 4분 이내	

(집중 훈련 — 2일차~5일차)

한 주 동안의 학습을 다 마쳤나요?

틀린 문제까지 다시 풀어 모두 해결했다면 스티커를 붙여 주세요.

100까지의 수를 공부할 거예요. 몇십과 100까지 수 세기를 하며 수를 바르게 쓰고 읽도록 연습해요. 또 자릿수 개념을 익히고, 수의 순서, 크기 비교 등을 하며 수 감각을 익히게 될 거예요. 100까지의 수 개념을 정확히 이해하면 세 자리 수 공부도 쉬워진답니다.

교과 연계 1학년 2학기 1단원 100까지의 수

 뱀이 스물스물이라고?

◐ 수 60, 70, 80, 90, 100 알기

60	70	80	90	100
육십, 예순	칠십, 일흔	팔십, 여든	구십, 아흔	백

◐ 99까지의 수 알기

수	10개씩 묶음(개)	낱개(개)
64	6	4
	육십사, 예순넷	

6 4
십의 자리 숫자   일의 자리 숫자

64에서 6은 십의 자리 숫자,
4는 일의 자리 숫자예요.

◐ 수 100 알기

- 90보다 10 큰 수는 100이에요.
- 99보다 1 큰 수는 100이에요.
- 100은 백이라고 읽어요.

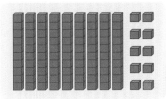

◐ 두 자리 수의 크기 비교하기

- 십의 자리 숫자를 먼저 비교하고, 같으면 일의 자리 숫자를 비교해요.
  그리고 > 또는 <를 써서 나타내요.

72 > 64 ➡ 72는 64보다 큽니다.   54 < 59 ➡ 54는 59보다 작습니다.

Tip 두 자리 수를 비교할 때에는 십의 자리 숫자가 크면 클수록 큰 수임을 알게 도와주세요.

날 따라와!

할머니와 콩순이의 이야기를 잘 읽어 보고, 길을 찾아가세요.

출발 ⇨

10	20	50	70	90
10	30	40	80	70
30	80	50	60	40
40	80	50	70	90
10	20	30	80	90

⇦ 도착

10에서 90까지
순서대로 한 번씩만
지나야 해.

위, 아래,
옆으로만 가야 해요.
↘ ↗ ↙ ↘ 방향으로는
갈 수 없어요.

할머니의 심부름은 어려워!

○ 콩순이가 할머니의 심부름으로 귤을 사러 가요. 할머니의 쪽지를 잘 읽어 보고, 귤을 몇 개 사 와야 하는지 알아보세요.

> 콩순아!
> 아래에서 말하는 수가 얼마인지 구해서
> 꼭 그 만큼만 귤을 사 오너라.
> ---------------------------------- 아래 ----------------
> • 십의 자리 숫자와 일의 자리 숫자의 합이 10이란다.
> • 십의 자리 숫자는 일의 자리 숫자보다 크단다.
> • 이 수는 70보다 작단다.

❶ 십의 자리 숫자와 일의 자리 숫자의 합이 10이 되는 두 자리 수를 모두 써 보세요.

❷ ❶번의 수 중에서 십의 자리 숫자가 일의 자리 숫자보다 큰 수를 모두 써 보세요.

❸ ❷번의 수 중에서 70보다 작은 수를 써 보세요.

❹ 콩순이가 사 와야 하는 귤은 모두 몇 개일까요?   개

○ 수를 세어 보고, 빈칸에 알맞은 수를 써 보세요.

❶

❺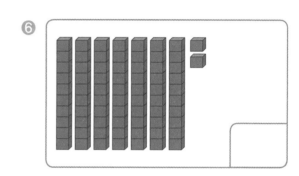

❷

❻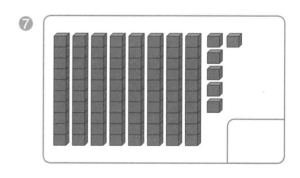

❸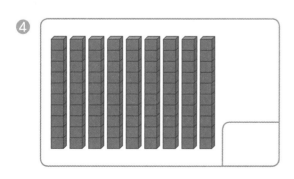

❼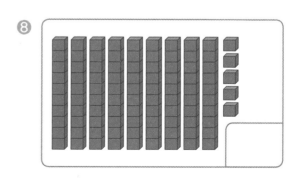

❹

❽

○ 10개씩 묶음과 낱개가 나타내는 수를 ☐ 안에 알맞게 써 보세요.

❶
10개씩 묶음	낱개
5	4

54

❺
10개씩 묶음	낱개
5	8

❷
10개씩 묶음	낱개
6	0

❻
10개씩 묶음	낱개
6	2

❸
10개씩 묶음	낱개
7	6

❼
10개씩 묶음	낱개
8	7

❹
10개씩 묶음	낱개
8	3

❽
10개씩 묶음	낱개
9	0

○ 다음 수를 두 가지로 읽어 빈칸에 알맞게 써 보세요.

❶
55	오십오	쉰다섯

❹
82		

❷
69		

❺
93		

❸
87		

❻
78		

○ 빈칸에 알맞은 수를 써 보세요.

❶ 육십오 [ ]

❷ 아흔 [ ]

❸ 여든 [ ]

❹ 백 [ ]

❺ 오십오 [ ]

❻ 육십오 [ ]

❼ 일흔둘 [ ]

❽ 육십일 [ ]

❾ 칠십팔 [ ]

❿ 예순셋 [ ]

⓫ 일흔 [ ]

⓬ 아흔아홉 [ ]

○ 다음 수의 십의 자리 숫자와 일의 자리 숫자를 빈칸에 알맞게 써 보세요.

수	십의 자리 숫자	일의 자리 숫자
❶ 67		
❷ 80		
❸ 98		
❹ 85		

수	십의 자리 숫자	일의 자리 숫자
❺ 57		
❻ 70		
❼ 93		
❽ 74		

○ 친구들이 말하는 수를 빈칸에 알맞게 써 보세요.

❶ 십의 자리 숫자 5, 일의 자리 숫자 3.

❸ 십의 자리 숫자 7, 일의 자리 숫자 0.

❺ 십의 자리 숫자 9, 일의 자리 숫자 0

❷ 십의 자리 숫자 6, 일의 자리 숫자 6.

❹ 십의 자리 숫자 8, 일의 자리 숫자 1.

❻ 십의 자리 숫자 9, 일의 자리 숫자 5.

○ ☐ 안에 알맞은 수를 써 보세요.

❶ 60은 10이 ☐ 인 수입니다.

❸ 80은 10이 ☐ 인 수입니다.

❷ ☐ 은 10이 9인 수입니다.

❹ ☐ 은 10이 7인 수입니다.

❺ 76에서 십의 자리 숫자는 ☐ 이고, 일의 자리 숫자는 ☐ 입니다.

❻ 85에서 십의 자리 숫자는 ☐ 이고, 일의 자리 숫자는 ☐ 입니다.

❼ 92에서 십의 자리 숫자는 ☐ 이고, 일의 자리 숫자는 ☐ 입니다.

● 51부터 100까지 수를 차례대로 써서 수 배열표를 완성해 보세요.

51	52	53					58		60
			64	65					
	72					77			
81									90
		93			96				

● 두 수를 비교하여 큰 수에 ○표, 작은 수에 △표 하세요.

❶ | 50 | 60 |

❹ | 64 | 68 |

❼ | 77 | 73 |

❷ | 82 | 76 |

❺ | 59 | 61 |

❽ | 81 | 91 |

❸ | 69 | 72 |

❻ | 89 | 84 |

❾ | 73 | 53 |

○ 10개씩 묶음과 낱개를 세어 모두 몇 개인지 □ 안에 쓰고, ○ 안에 >, <를 알맞게 써 보세요.

❶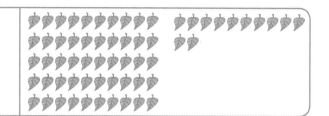

❷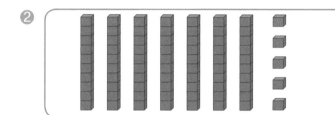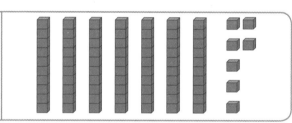

○ 다음을 > 또는 <를 사용하여 빈칸에 알맞게 써 보세요.

❶ 90은 89보다 큽니다.

❷ 77은 72보다 큽니다.

❸ 81은 79보다 큽니다.

❹ 53은 75보다 작습니다.

❺ 69는 71보다 작습니다.

❻ 90은 95보다 작습니다.

○ 수의 순서에 맞게 빈칸에 알맞은 수를 써 보세요.

❶

| 52 | 53 | | | | 57 |

❷

| 89 | | | | 93 | |

❸

| | 70 | | | 73 | |

❹

| | 96 | 97 | | | |

❺

| | 81 | | | | 85 |

○ 다음 두 수를 비교하여 ○ 안에 >, <를 알맞게 써 보세요.

❶ 70 ◯ 90

❺ 88 ◯ 98

❷ 74 ◯ 94

❻ 69 ◯ 68

❸ 85 ◯ 59

❼ 74 ◯ 57

❹ 73 ◯ 78

❽ 76 ◯ 82

○ ☐ 안에 들어갈 수 있는 숫자에 모두 ○표 하세요.

❶ 71 > ☐ 8

④ ⑤ ⑥ 7 8

❹ 73 > ☐ 5

4 5 6 7 8

❷ 74 > 7 ☐

0 1 2 3 4

❺ 85 > 8 ☐

1 2 3 4 5

❸ 87 > ☐ 8

5 6 7 8 9

❻ 56 > ☐ 7

1 2 3 4 5

○ ☐ 안에 들어갈 수 있는 숫자를 빈칸에 모두 써 보세요.

❶ 94 > ☐ 6

➔ _____

❸ 65 > 6 ☐

➔ _____

❷ 54 < ☐ 7

➔ _____

❹ 71 < ☐ 6

➔ _____

1. 수를 세어 보고, □ 안에 알맞은 수를 써 보세요.

❶

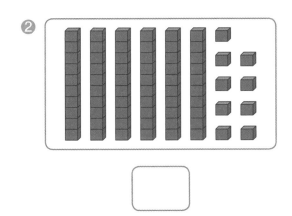

❷

□

□

2. ⬭ 안의 수를 잘못 읽은 것에 ×표 하세요.

❶

| 85 | 팔십오 | 여든오 | 여든다섯 |

❷

| 73 | 칠십셋 | 일흔셋 | 칠십삼 |

3. 다음 수를 보고, 빈칸에 알맞은 숫자를 써 보세요.

❶

63	
십의 자리 숫자	

❸

74	
10개씩 묶음	

❷

90	
일의 자리 숫자	

❹

86	
낱개	

4. 수의 순서에 맞게 빈칸에 알맞은 수를 써 보세요.

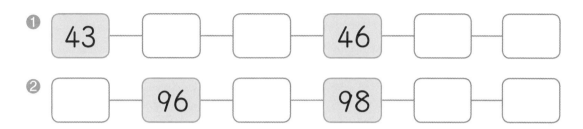

❶ 43 ☐ ☐ 46 ☐ ☐

❷ ☐ 96 ☐ 98 ☐ ☐

5. 두 수를 비교하여 ○ 안에 >, <를 알맞게 써 보세요.

❶ 72 ◯ 78   ❸ 60 ◯ 43

❷ 90 ◯ 51   ❹ 67 ◯ 92

6. ☐ 안에 들어갈 수 있는 숫자에 모두 ◯표 하세요.

❶ 54 > ☐ 8

| 1 | 2 | 3 | 4 | 5 |

❷ 85 > ☐ 5

| 4 | 5 | 6 | 7 | 8 |

7. 다음은 어떤 수를 말하는지 ☐ 안에 알맞게 써 보세요.

· 10개씩 묶음이 10개입니다.
· 90보다 10 큰 수입니다.
· 아흔아홉보다 하나 더 많습니다.

☐

100까지의 수 ②

학습 목표

- 100까지의 수 배열표를 보고, 수의 규칙을 찾아낼 수 있다.

- 100까지의 수를 몇십과 몇으로 가르고 모을 수 있다.

- 조건에 맞는 두 자리 수를 만들 수 있다.

계산력 마스터 표

오늘의 학습 성취도를 매일매일 체크하세요!

집중해서 공부를 하였나요?

학습 결과가 기준을 통과했다면 스티커를 붙여 주세요.

2주	학습 관리		맞은 개수 걸린 시간	통과 기준	계산력 마스터
1일차		개념 이해, 사고셈		학습 완료	
2일차	집중 훈련	정확히 풀기	개	9/11개	
3일차		빠르게 풀기	분 초	3분 이내	
4일차		정확히 풀기	개	18/20개	
5일차		빠르게 풀기	분 초	4분 이내	
6일차		계산력 완성	개 분 초	14/16개 4분 이내	

한 주 동안의 학습을 다 마쳤나요?

틀린 문제까지 다시 풀어 모두 해결했다면 스티커를 붙여 주세요.

100까지 수에 관한 여러 가지 문제를 풀며 두 자리 수를 공부할 거예요. 1부터 100까지 수 배열표를 자세히 살펴보며 규칙을 찾아요. 또 두 자리 수를 만드는 숫자 놀이를 하다 보면 두 자리 수에 대해 자신감이 생길 거예요.

교과 연계 1학년 2학기 1단원 100까지의 수

 재미있는 숫자 놀이

◎ 100까지의 수 배열표

1	2	3	4	5	6	7	8	9	10
11	12	13	14	15	16	17	18	19	20
21	22	23	24	25	26	27	28	29	30
31	32	33	34	35	36	37	38	39	40
41	42	43	44	45	46	47	48	49	50
51	52	53	54	55	56	57	58	59	60
61	62	63	64	65	66	67	68	69	70
71	72	73	74	75	76	77	78	79	80
81	82	83	84	85	86	87	88	89	90
91	92	93	94	95	96	97	98	99	100

• 3, 13, 23, 33, …, 83, 93은 10씩 커집니다. • 41, 42, 43, 44, …, 49, 50은 1씩 커집니다.

◎ 수의 규칙 찾기

51	52	53	54	55
56	57	58	59	60
61	62	63	64	65
66	67	68	69	70

• 초록색 칸의 수는 5씩 커지는 수들입니다.

• 노란색 칸의 수는 4씩 커지는 수들입니다.

• 6씩 커지는 규칙

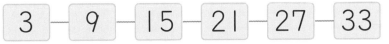

3 — 9 — 15 — 21 — 27 — 33

• 7씩 커지는 규칙

27 — 34 — 41 — 48 — 55 — 62

◎ 몇십과 몇으로 가르고 모으기

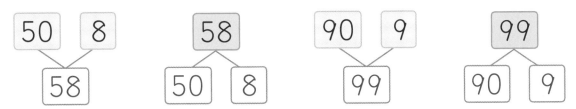

Tip 100을 어려워하면 9보다 1 큰 수가 10임을 기억하여 이해하게 해 주세요.

뛰어 세어 구하자

○ 다음 수 배열표를 보고, 물음에 알맞게 답해 보세요.

1	2	3	4	5	6	7	8	9	10
11	12	13	14	15	16	17	18	19	20
21	22	23	24	25	26	27	28	29	30
31	32	33	34	35	36	37	38	39	40
41	42	43	44	45	46	47	48	49	50
51	52	53	54	55	56	57	58	59	60
61	62	63	64	65	66	67	68	69	70
71	72	73	74	75	76	77	78	79	80
81	82	83	84	85	86	87	88	89	90
91	92	93	94	95	96	97	98	99	100

❶ 연필 20자루를 사려고 해요. 연필 한 상자에 5자루씩 포장되어 있다면 몇 상자를 사야 할까요?

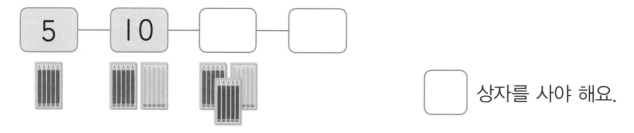

상자를 사야 해요.

❷ 휴지 15상자를 사려고 해요. 한 묶음에 3상자씩 묶여 있다면 몇 묶음을 사야 할까요?

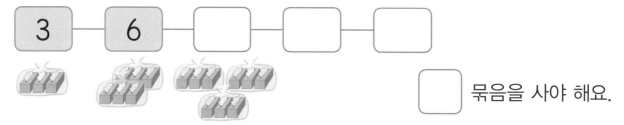

묶음을 사야 해요.

여러 가지 규칙의 수

○ 여러 장의 숫자 카드 중에서 다음 조건에 맞는 카드를 찾아 수를 써 보세요.

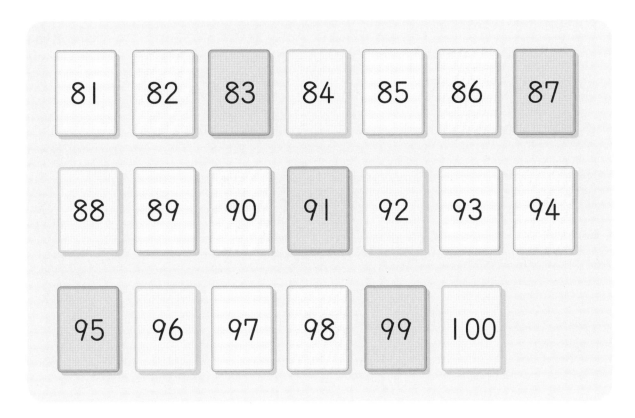

❶ 81부터 3씩 커지는 수를 모두 찾아 써 보세요.

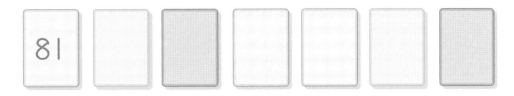

❷ 81부터 7씩 커지는 수를 모두 찾아 써 보세요.

2일차 수의 순서와 수의 규칙 찾기 ①

○ 다음 수 배열표의 빈칸에 알맞은 수를 써 보세요.

100				96					91
	89								
			77			74			
	68								61
60				56					
									41
					35				
	29								
			16						
10		8					3	2	

○ 위의 수 배열표를 보고, 규칙에 따라 빈칸에 알맞은 수를 써 보세요.

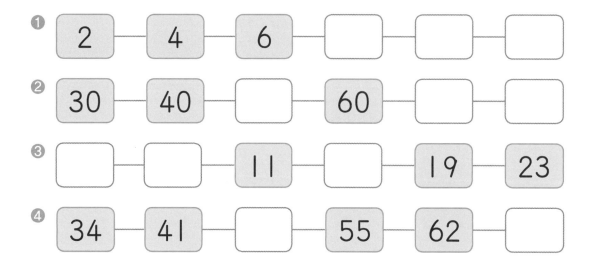

❶ 2 — 4 — 6 — ☐ — ☐ — ☐

❷ 30 — 40 — ☐ — 60 — ☐ — ☐

❸ ☐ — ☐ — 11 — ☐ — 19 — 23

❹ 34 — 41 — ☐ — 55 — 62 — ☐

○ 다음 수 배열표에서 색칠한 칸에 있는 수들의 규칙을 빈칸에 써 보세요.

❶

1	2	3	4	5
6	7	8	9	10
11	12	13	14	15
16	17	18	19	20

➡ _____

❸

0	1	2	3	4	5
6	7	8	9	10	11
12	13	14	15	16	17
18	19	20	21	22	23

➡ _____

❷

1	2	3	4
5	6	7	8
9	10	11	12
13	14	15	16

➡ _____

❹

38	39	40	41	42	43	44
45	46	47	48	49	50	51
52	53	54	55	56	57	58
59	60	61	62	63	64	65

➡ _____

○ 수를 차례대로 써서 수 배열표를 완성하고, 색칠한 칸에 있는 수들의 규칙을 빈칸에 써 보세요.

❶

1	2	3	4
5			

➡ _____

❷

0	1	2
3		

➡ _____

◦ ☐ 안에 알맞은 수를 써 보세요.

❶ 1 작은 수 [ ] 53 1 큰 수 [ ]

❷ 1 작은 수 [ ] 67 1 큰 수 [ ]

❸ 1 작은 수 [ ] 59 1 큰 수 [ ]

❹ 1 작은 수 [ ] 85 1 큰 수 [ ]

❺ 1 작은 수 [ ] 47 1 큰 수 [ ]

❻ 1 작은 수 [ ] 99 1 큰 수 [ ]

❼ 10 작은 수 [ ] 71 10 큰 수 [ ]

❽ 10 작은 수 [ ] 83 10 큰 수 [ ]

❾ 10 작은 수 [ ] 65 10 큰 수 [ ]

❿ 10 작은 수 [ ] 57 10 큰 수 [ ]

⓫ 10 작은 수 [ ] 44 10 큰 수 [ ]

⓬ 10 작은 수 [ ] 76 10 큰 수 [ ]

○ 수 배열표에서 색칠한 칸에 있는 수들의 규칙을 보고, 빈칸에 알맞은 수를 써 보세요.

❶

		3	4			7
		10				
		17				
		24				

❷

		13	14
		17	
		21	
		25	

❺

71				75
				80
				85
				90

❸

	56		58
	60		
	64		
	68		

❻

50	51	52			
56		58			
		64			
		70			

❹

	68		
	72		
	76		
	80		

❼

29	30	
	33	
	36	
	39	

❽

58	59	
61		
64		
67		

○ 그림을 보고, ☐ 안에 알맞은 수를 써 보세요.

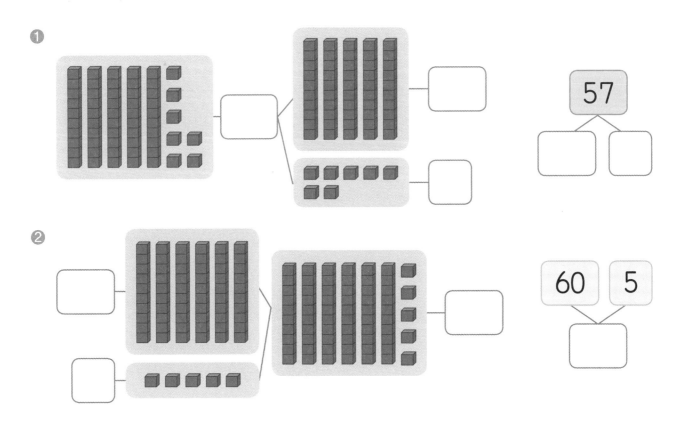

❶

❷

57

60 5

○ 수를 몇십과 몇으로 가르거나 모아서 ☐ 안에 알맞은 수를 써 보세요.

❶ 73

❸ 92

❺ 68

❷ 70 6

❹ 80 9

❻ 50 5

○ 주어진 수를 한 번씩 사용하여 가장 큰 두 자리 수를 만들어 □ 안에 써 보세요.

❶ 1 2 3 4
    43

❷ 2 3 4 5
    □

❸ 9 0 8 7 1
    □

❹ 6 5 1 7
    □

❺ 8 5 2 0
    □

❻ 2 3 0 4 6
    □

○ 주어진 수를 한 번씩 사용하여 가장 작은 두 자리 수를 만들어 □ 안에 써 보세요.

❶ 9 8 7 6
    □

❷ 1 4 6 7
    □

❸ 3 2 5 9 8
    □

❹ 4 6 0 8
    □

❺ 0 7 3 6
    □

❻ 0 7 3 2 4
    □

○ 수를 몇십과 몇으로 가르거나 모아서 ☐ 안에 알맞은 수를 써 보세요.

❶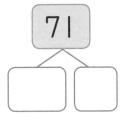

❷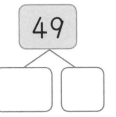

❸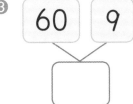

❹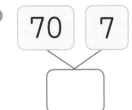

❺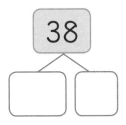

❻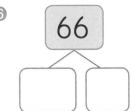

❼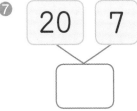

❽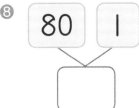

❾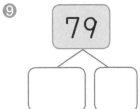

❿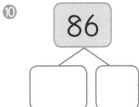

⓫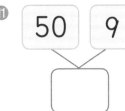

⓬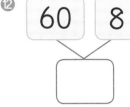

⓭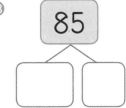

⓮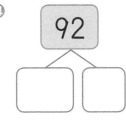

⓯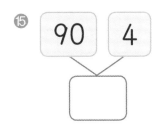

◉ 주어진 수를 한 번씩 사용하여 가장 큰 두 자리 수와 가장 작은 두 자리 수를 만들어 ☐ 안에 써 보세요.

❶ 0 2 3 4
　┌ 가장 큰 수: ☐
　└ 가장 작은 수: ☐

❷ 6 1 9 2
　┌ 가장 큰 수: ☐
　└ 가장 작은 수: ☐

❸ 7 5 0 3 9
　┌ 가장 큰 수: ☐
　└ 가장 작은 수: ☐

❹ 4 6 0 2 7
　┌ 가장 큰 수: ☐
　└ 가장 작은 수: ☐

❺ 5 6 7 8
　┌ 가장 큰 수: ☐
　└ 가장 작은 수: ☐

❻ 8 5 1 3
　┌ 가장 큰 수: ☐
　└ 가장 작은 수: ☐

❼ 1 0 3 5 7
　┌ 가장 큰 수: ☐
　└ 가장 작은 수: ☐

❽ 8 0 7 4 3
　┌ 가장 큰 수: ☐
　└ 가장 작은 수: ☐

1. 수의 순서에 맞게 빈칸에 알맞은 수를 써 보세요.

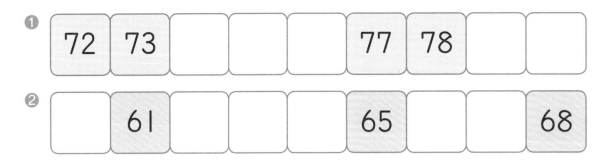

2. 수의 규칙에 따라 빈칸에 알맞은 수를 써 보세요.

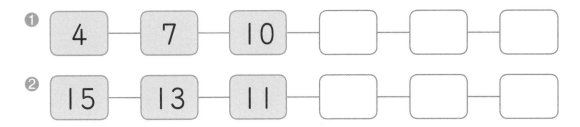

3. 수를 몇십과 몇으로 가르거나 모아서 □ 안에 알맞은 수를 써 보세요.

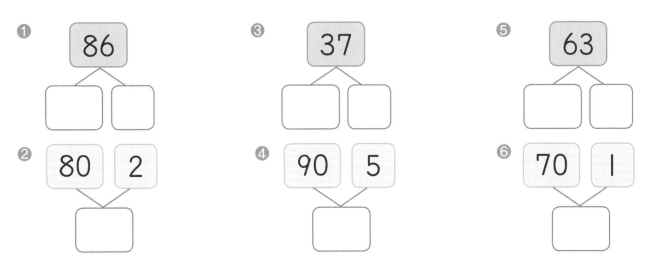

4. 주어진 수를 한 번씩 사용하여 가장 큰 두 자리 수와 가장 작은 두 자리 수를 만들어 □ 안에 써 보세요.

❶

┌ 가장 큰 수: ☐
└ 가장 작은 수: ☐

❷

┌ 가장 큰 수: ☐
└ 가장 작은 수: ☐

5. □ 안에 알맞은 수를 쓰세요.

❶

❷

6. 색칠한 칸에 있는 수들의 규칙을 보고, 수 배열표를 채우세요. 그리고 ★은 어떤 수인지 □ 안에 써 보세요.

43					49
					56
				★	63
					70

☐

7. 다음은 어떤 수를 말하는지 □ 안에 알맞게 써 보세요.

- 묶음의 수는 낱개의 수보다 1 큰 수입니다.
- 80과 90 사이의 수입니다.

☐

3주

받아올림이 없는
(두 자리 수)+(한 자리 수)

학습 목표

• 받아올림이 없는 (몇십)+(몇),
  (몇)+(몇십)의 계산을 할 수 있다.

• 받아올림이 없는 (몇십 몇)+(몇),
  (몇)+(몇십 몇)의 계산을 할 수 있다.

계산력 마스터 표

오늘의 학습 성취도를 매일매일 체크하세요!

집중해서 공부를 하였나요?

학습 결과가 기준을 통과했다면 스티커를 붙여 주세요.

3주		학습 관리	맞은 개수 걸린 시간	통과 기준	계산력 마스터
1일차		개념 이해, 사고셈		학습 완료	
2일차	집중 훈련	정확히 풀기	개	15/17개	
3일차		빠르게 풀기	분 초	5분 이내	
4일차		정확히 풀기	개	14/16개	
5일차		빠르게 풀기	분 초	5분 이내	
6일차		계산력 완성	개 분 초	16/18개 5분 이내	

한 주 동안의 학습을 다 마쳤나요?

틀린 문제까지 다시 풀어 모두 해결했다면 스티커를 붙여 주세요.

1일차 받아올림이 없는 (두 자리 수)+(한 자리 수)

합이 두 자리 수인 두 자리 수와 한 자리 수의 덧셈을 공부할 거예요. 자릿수가 다를 경우 어떻게 계산하는지 세로셈을 통해 알아보고 충분히 연습하세요. 그러면 받아올림이 있는 덧셈도 쉽게 계산할 수 있게 될 거예요.

교과 연계 1학년 2학기 3단원 덧셈과 뺄셈(1)

 하나하나 세지 말고 더하면 쉬워!

◎ 수 모형으로 (몇십)+(몇)/(몇십 몇)+(몇) 알아보기

• 30+2의 계산

• 32+4의 계산

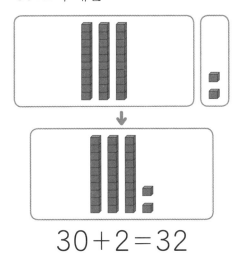

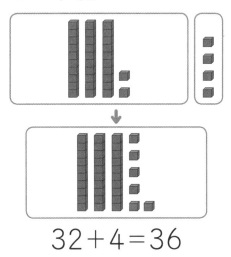

$$30+2=32$$

$$32+4=36$$

◎ 세로셈으로 덧셈하기

① 자리를 잘 맞추어 써요.
② 일의 자리 숫자끼리 먼저 계산해요.
③ 십의 자리 숫자를 그대로 내려 써요.

	3	2
+		4

→

	3	2
+		4
		6

→

	3	2
+		4
	3	6

◎ 수 모으기와 덧셈하기

50 8
58

$$50+8=58$$

9 80
89

$$9+80=89$$

50과 8을 모으면 58이므로, 50+8=58이에요.

9와 80을 모으면 89이므로, 9+80=89예요.

Tip 덧셈을 해결하는 과정을 자유롭고 다양하게 이용할 수 있도록 격려해 주세요.

뭐라고?

○ 친구의 설명을 읽고, 친구가 하고 싶은 말이 무엇인지 알아보세요.

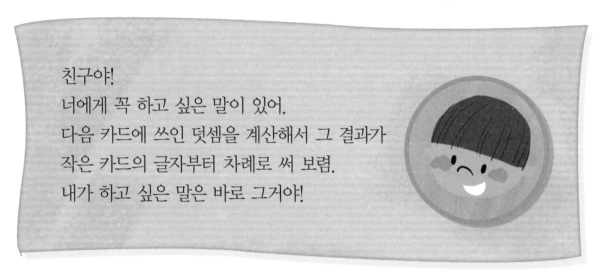

친구야!
너에게 꼭 하고 싶은 말이 있어.
다음 카드에 쓰인 덧셈을 계산해서 그 결과가
작은 카드의 글자부터 차례로 써 보렴.
내가 하고 싶은 말은 바로 그거야!

12+7 오	35+3 같	40+5 놀
44+5 자	20+6 늘	37+2 이

조건에 맞는 식

○ 세 장의 숫자 카드를 한 번씩 모두 사용해서 조건에 맞는 덧셈식을 만들어 보세요.

①

- 합이 가장 큰 (몇십)+(몇) ➡ 6 0 + 4 = ☐

- 합이 가장 작은 (몇십)+(몇) ➡ ☐☐ + ☐ = ☐

②

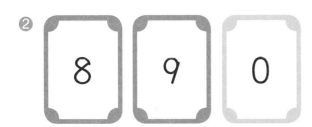

- 합이 가장 큰 (몇십)+(몇) ➡ ☐☐ + ☐ = ☐

- 합이 가장 작은 (몇십)+(몇) ➡ ☐☐ + ☐ = ☐

○ 그림을 보고, 덧셈을 하세요.

❶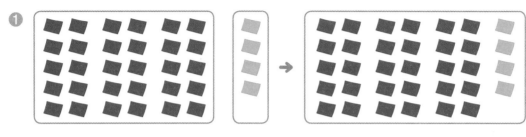

$$30+4=\boxed{}$$

❷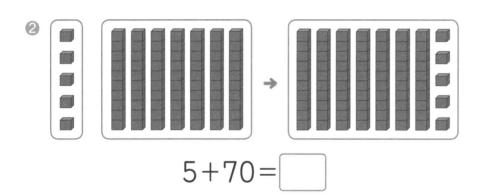

$$5+70=\boxed{}$$

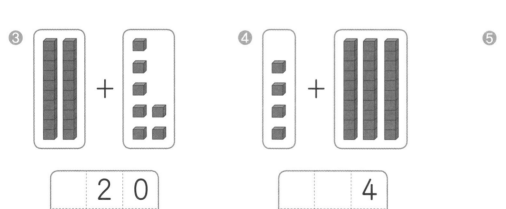

❸
	2	0
+		7

❹
		4
+	3	0

❺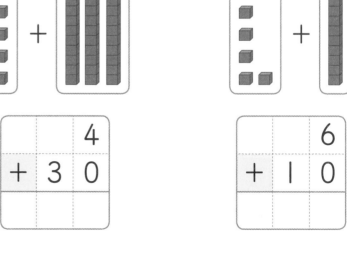
		6
+	1	0

○ 두 수를 모아 ☐ 안에 알맞은 수를 쓰고, 덧셈을 하세요.

❶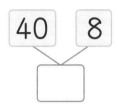

$40+8=$ ☐

❷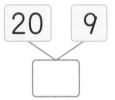

$20+9=$ ☐

❸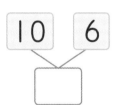

$10+6=$ ☐

❹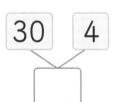

$30+4=$ ☐

❺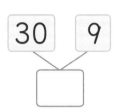

$30+9=$ ☐

❻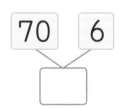

$70+6=$ ☐

❼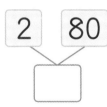

$2+80=$ ☐

❽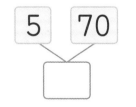

$5+70=$ ☐

❾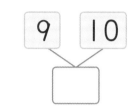

$9+10=$ ☐

❿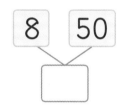

$8+50=$ ☐

⓫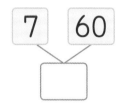

$7+60=$ ☐

⓬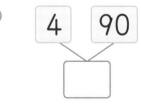

$4+90=$ ☐

빠르게 풀기

받아올림이 없는 (몇십)+(몇), (몇)+(몇십) ②

○ 다음 덧셈을 하세요.

❶ $20+7=$ ☐

❷ $30+5=$ ☐

❸ $20+8=$ ☐

❹ $10+9=$ ☐

❺ $70+7=$ ☐

❻ $70+1=$ ☐

❼ $40+3=$ ☐

❽ $50+9=$ ☐

❾ $80+2=$ ☐

❿ $60+3=$ ☐

⓫ $3+50=$ ☐

⓬ $5+60=$ ☐

�913 $4+20=$ ☐

⓮ $4+30=$ ☐

⓯ $5+70=$ ☐

○ 다음 덧셈을 하세요.

❶
	2	0
+		1

❸
	7	0
+		6

❺
		8
+	9	0

❷
	4	0
+		3

❹
	2	0
+		9

❻
		3
+	5	0

○ 다음 덧셈을 하세요.

❶
```
   6 0
+    5
─────
 [   ]
```

❹
```
   7 0
+    3
─────
 [   ]
```

❼
```
     8
+  3 0
─────
 [   ]
```

❷
```
   8 0
+    2
─────
 [   ]
```

❺
```
   5 0
+    8
─────
 [   ]
```

❽
```
     1
+  4 0
─────
 [   ]
```

❸
```
   2 0
+    4
─────
 [   ]
```

❻
```
   7 0
+    5
─────
 [   ]
```

❾
```
     3
+  9 0
─────
 [   ]
```

4일차 받아올림이 없는 (몇십 몇)+(몇), (몇)+(몇십 몇) ①

○ 그림을 보고, 덧셈을 하세요.

❶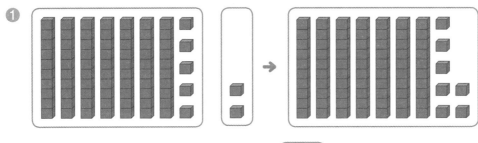

$$75+2=\boxed{}$$

❷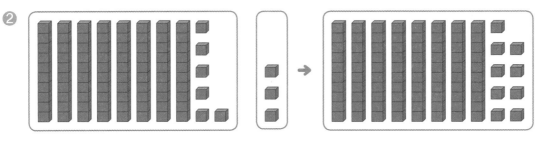

$$86+3=\boxed{}$$

○ 다음 덧셈을 하세요.

❶

	4	2
+		4
	4	6

❸

	3	3
+		4

❺

	2	5
+		3

❷

	1	7
+		2

❹

	8	3
+		6

❻

	7	2
+		4

○ 그림을 보고, 덧셈을 하세요.

①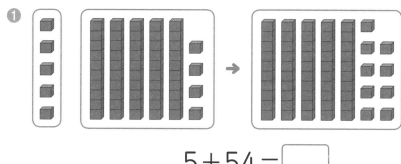

$$5 + 54 = \boxed{}$$

②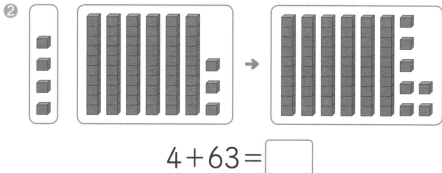

$$4 + 63 = \boxed{}$$

○ 다음 덧셈을 하세요.

①
```
      1
+  2  4
   2  5
```

②
```
      4
+  4  4
```

③
```
      5
+  5  4
```

④
```
      5
+  5  1
```

⑤
```
      7
+  3  2
```

⑥
```
      3
+  7  1
```

○ 다음 덧셈을 하세요.

❶ 51+5 = ☐

❷ 72+4 = ☐

❸ 26+3 = ☐

❹ 72+7 = ☐

❺ 46+3 = ☐

❻ 23+1 = ☐

❼ 34+3 = ☐

❽ 42+7 = ☐

❾ 81+8 = ☐

❿ 63+6 = ☐

⓫ 7+11 = ☐

⓬ 7+52 = ☐

⓭ 3+55 = ☐

⓮ 2+92 = ☐

⓯ 4+42 = ☐

○ 다음 덧셈을 하세요.

①
$$\begin{array}{r} 62 \\ +\ 2 \\ \hline \end{array}$$

⑥
$$\begin{array}{r} 53 \\ +\ 5 \\ \hline \end{array}$$

⑪
$$\begin{array}{r} 8 \\ +41 \\ \hline \end{array}$$

②
$$\begin{array}{r} 26 \\ +\ 2 \\ \hline \end{array}$$

⑦
$$\begin{array}{r} 68 \\ +\ 1 \\ \hline \end{array}$$

⑫
$$\begin{array}{r} 2 \\ +51 \\ \hline \end{array}$$

③
$$\begin{array}{r} 15 \\ +\ 3 \\ \hline \end{array}$$

⑧
$$\begin{array}{r} 17 \\ +\ 1 \\ \hline \end{array}$$

⑬
$$\begin{array}{r} 2 \\ +85 \\ \hline \end{array}$$

④
$$\begin{array}{r} 81 \\ +\ 8 \\ \hline \end{array}$$

⑨
$$\begin{array}{r} 93 \\ +\ 4 \\ \hline \end{array}$$

⑭
$$\begin{array}{r} 4 \\ +65 \\ \hline \end{array}$$

⑤
$$\begin{array}{r} 73 \\ +\ 3 \\ \hline \end{array}$$

⑩
$$\begin{array}{r} 86 \\ +\ 2 \\ \hline \end{array}$$

⑮
$$\begin{array}{r} 4 \\ +32 \\ \hline \end{array}$$

6일차 받아올림이 없는 (두 자리 수)+(한 자리 수)

1. 두 수를 모아 □ 안에 알맞은 수를 쓰고, 덧셈을 하세요.

❶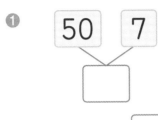

$50+7=$ □

❷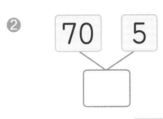

$70+5=$ □

❸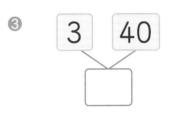

$3+40=$ □

2. 덧셈식을 계산하여 합을 찾아 선으로 이어 보세요.

❶ $7+62$ •

❷ $6+30$ •

❸ $62+7$ •

❹ $30+6$ •

• 69

• 36

3. 다음 덧셈을 하세요.

❶
```
   70
+   6
─────
  □
```

❷
```
   80
+   2
─────
  □
```

❸
```
    5
+  50
─────
  □
```

4. 다음 덧셈을 하세요.

❶
```
  6 5
+   2
─────
```

❷
```
    7
+ 9 2
─────
```

❸
```
  4 4
+   4
─────
```

5. 다음 덧셈을 하여 합이 가장 큰 수에 ○표, 합이 가장 작은 수에 △표 하세요.

$$41+7 \quad 80+3 \quad 5+72 \quad 6+23 \quad 6+60$$

6. 가로에 있는 수끼리, 세로에 있는 수끼리 더하여 빈칸에 합을 써 보세요.

❶
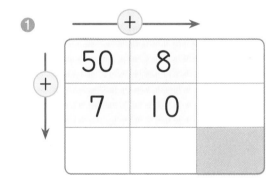

+ →		
50	8	
7	10	

❷
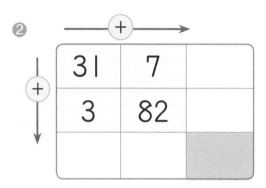

+ →		
31	7	
3	82	

7. 진수는 어제까지 20개의 딱지를 모았는데, 오늘 5개의 딱지를 더 땄어요. 진수의 딱지는 모두 몇 장이 되었는지 식을 쓰고 답을 구해 보세요.

식 _____

답 [　　]장

4주

받아올림이 없는
(두 자리 수)+(두 자리 수)

학습 목표

● 받아올림이 없는 (몇십)+(몇십)의
  계산을 할 수 있다.

● 받아올림이 없는 (몇십 몇)+(몇십 몇)의
  계산을 할 수 있다.

계산력 마스터 표

오늘의 학습 성취도를 매일매일 체크하세요!

집중해서 공부를 하였나요?

학습 결과가 기준을 통과했다면 스티커를 붙여 주세요.

4주	학습 관리	맞은 개수 걸린 시간	통과 기준	계산력 마스터
1일차	개념 이해, 사고셈		학습 완료	
2일차	정확히 풀기	개	26/29개	
3일차	빠르게 풀기	분 초	5분 이내	
4일차	정확히 풀기	개	26/29개	
5일차	빠르게 풀기	분 초	6분 이내	
6일차	계산력 완성	개 / 분 초	12/14개 4분 이내	

(집중 훈련)

한 주 동안의 학습을 다 마쳤나요?

틀린 문제까지 다시 풀어 모두 해결했다면 스티커를 붙여 주세요.

1일차 받아올림이 없는 (두 자리 수)+(두 자리 수)

받아올림이 없는 두 자리 수끼리의 덧셈을 공부할 거예요. 셈을 할 때에는 자릿수를 맞추어 계산하는 것이 중요해요. 이것은 받아올림이 있는 덧셈을 할 때에도 마찬가지예요. 자릿수를 맞추어 받아올림이 없는 두 자리 수끼리 덧셈을 충분히 연습하여 덧셈의 기초를 다져 보세요.

교과 연계 1학년 2학기 3단원 덧셈과 뺄셈 (1)

 거인과 황금알

◌ 수 모형으로 (몇십)+(몇십)/(몇십 몇)+(몇십 몇) 알아보기

- 30+40의 계산

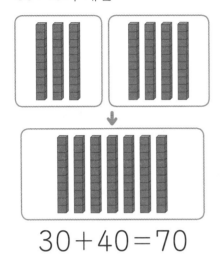

$$30+40=70$$

- 54+33의 계산

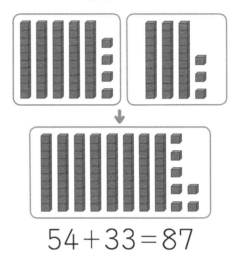

$$54+33=87$$

◌ 세로셈으로 덧셈하기

① 자리를 잘 맞추어 써요.

② 일의 자리 숫자끼리 먼저 계산해요.

③ 십의 자리 숫자끼리 계산해요.

	3	0
+	4	0

→

	3	0
+		0
		0

→

	3	0
+	4	0
	7	0

	5	4
+	3	3

→

	5	4
+	3	3
		7

→

	5	4
+	3	3
	8	7

Tip 문제의 상황에 알맞은 계산식을 쓸 수 있도록 지도해 주세요.

누가 누가 잘하나?

○ 잭과 거인, 그리고 엄마가 활쏘기 시합을 했어요. 각자 3번씩 활을 쏘고, 그 점수의 합을 구해 우승자를 결정하기로 하였어요. 누가 활쏘기를 제일 잘했는지 덧셈을 하여 세 사람의 점수를 구해 보세요.

이름	1회	2회	3회	점수
잭	10	5	10	
거인	20	10	0	
엄마	20	10	10	

과일의 무게

○ 다음은 네 가지 과일의 각각의 무게예요. 저울 위에 과일을 몇 개씩 올려 무게를 재요. 저울에 올린 과일의 무게는 얼마인지 덧셈을 하여 빈칸에 써 보세요.

10	25	30	40

❶

❸

❷

❹

○ 그림을 보고, 덧셈을 하세요.

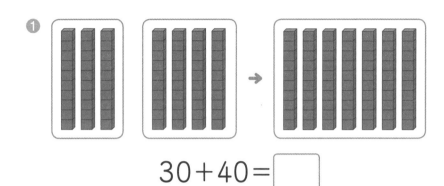

❶ $30+40=$ ☐

❷ $70+23=$ ☐

❸ $30+10=$ ☐

❹ $20+20=$ ☐

❺ $40+40=$ ☐

❻ $50+40=$ ☐

❼ $50+23=$ ☐

❽ $30+37=$ ☐

❾ $20+28=$ ☐

❿ $60+19=$ ☐

⓫ $74+10=$ ☐

⓬ $36+50=$ ☐

⓭ $41+40=$ ☐

⓮ $65+30=$ ☐

○ 다음 덧셈을 하세요.

①
```
   1 0
 + 6 0
```

②
```
   6 0
 + 3 0
```

③
```
   4 0
 + 4 0
```

④
```
   5 0
 + 2 0
```

⑤
```
   4 0
 + 2 0
```

⑥
```
   2 0
 + 3 0
```

⑦
```
   1 0
 + 7 0
```

⑧
```
   6 0
 + 2 0
```

⑨
```
   8 0
 + 1 0
```

⑩
```
   1 0
 + 5 0
```

⑪
```
   3 0
 + 1 9
```

⑫
```
   4 0
 + 2 3
```

⑬
```
   1 0
 + 5 2
```

⑭
```
   2 7
 + 5 0
```

⑮
```
   6 2
 + 3 0
```

○ 다음 덧셈을 하세요.

①
$$\begin{array}{r} 50 \\ + 30 \\ \hline \end{array}$$

⑥
$$\begin{array}{r} 50 \\ + 40 \\ \hline \end{array}$$

⑪
$$\begin{array}{r} 18 \\ + 40 \\ \hline \end{array}$$

②
$$\begin{array}{r} 80 \\ + 10 \\ \hline \end{array}$$

⑦
$$\begin{array}{r} 60 \\ + 10 \\ \hline \end{array}$$

⑫
$$\begin{array}{r} 42 \\ + 20 \\ \hline \end{array}$$

③
$$\begin{array}{r} 10 \\ + 30 \\ \hline \end{array}$$

⑧
$$\begin{array}{r} 10 \\ + 22 \\ \hline \end{array}$$

⑬
$$\begin{array}{r} 35 \\ + 40 \\ \hline \end{array}$$

④
$$\begin{array}{r} 50 \\ + 10 \\ \hline \end{array}$$

⑨
$$\begin{array}{r} 30 \\ + 68 \\ \hline \end{array}$$

⑭
$$\begin{array}{r} 44 \\ + 30 \\ \hline \end{array}$$

⑤
$$\begin{array}{r} 70 \\ + 20 \\ \hline \end{array}$$

⑩
$$\begin{array}{r} 70 \\ + 23 \\ \hline \end{array}$$

⑮
$$\begin{array}{r} 29 \\ + 30 \\ \hline \end{array}$$

○ 다음 덧셈을 하세요.

❶ 70+20= ☐   ❹ 50+14= ☐   ❼ 54+40= ☐

❷ 10+20= ☐   ❺ 20+33= ☐   ❽ 37+20= ☐

❸ 30+50= ☐   ❻ 80+16= ☐   ❾ 27+50= ☐

○ 가로에 있는 수끼리, 세로에 있는 수끼리 더하여 빈칸에 합을 써 보세요.

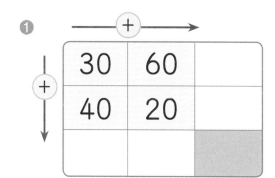

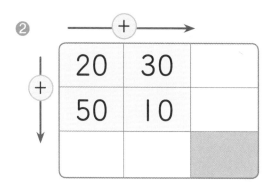

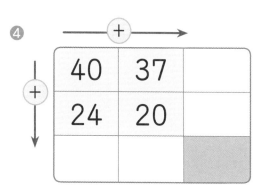

○ 그림을 보고, 덧셈을 하세요.

①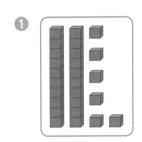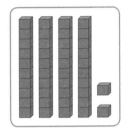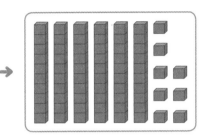

$26+42=$ ☐

②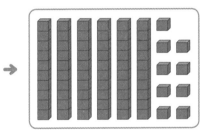

$43+26=$ ☐

③ $42+15=$ ☐   ⑦ $27+61=$ ☐   ⑪ $74+23=$ ☐

④ $21+63=$ ☐   ⑧ $82+15=$ ☐   ⑫ $82+17=$ ☐

⑤ $17+52=$ ☐   ⑨ $32+66=$ ☐   ⑬ $78+21=$ ☐

⑥ $23+36=$ ☐   ⑩ $44+31=$ ☐   ⑭ $63+15=$ ☐

○ 다음 덧셈을 하세요.

①
$$\begin{array}{r} 2\ 5 \\ +\ 3\ 2 \\ \hline \end{array}$$

②
$$\begin{array}{r} 3\ 7 \\ +\ 5\ 2 \\ \hline \end{array}$$

③
$$\begin{array}{r} 4\ 3 \\ +\ 5\ 1 \\ \hline \end{array}$$

④
$$\begin{array}{r} 3\ 6 \\ +\ 4\ 2 \\ \hline \end{array}$$

⑤
$$\begin{array}{r} 8\ 4 \\ +\ 1\ 3 \\ \hline \end{array}$$

⑥
$$\begin{array}{r} 7\ 6 \\ +\ 2\ 3 \\ \hline \end{array}$$

⑦
$$\begin{array}{r} 7\ 5 \\ +\ 1\ 4 \\ \hline \end{array}$$

⑧
$$\begin{array}{r} 2\ 4 \\ +\ 5\ 2 \\ \hline \end{array}$$

⑨
$$\begin{array}{r} 2\ 7 \\ +\ 4\ 1 \\ \hline \end{array}$$

⑩
$$\begin{array}{r} 4\ 3 \\ +\ 4\ 2 \\ \hline \end{array}$$

⑪
$$\begin{array}{r} 5\ 5 \\ +\ 4\ 2 \\ \hline \end{array}$$

⑫
$$\begin{array}{r} 6\ 1 \\ +\ 2\ 6 \\ \hline \end{array}$$

⑬
$$\begin{array}{r} 5\ 2 \\ +\ 2\ 1 \\ \hline \end{array}$$

⑭
$$\begin{array}{r} 5\ 7 \\ +\ 3\ 2 \\ \hline \end{array}$$

⑮
$$\begin{array}{r} 8\ 2 \\ +\ 1\ 3 \\ \hline \end{array}$$

○ 다음 덧셈을 하세요.

①
$$\begin{array}{r} 2\,1 \\ +\ 7\,6 \\ \hline \end{array}$$

⑥
$$\begin{array}{r} 6\,5 \\ +\ 2\,3 \\ \hline \end{array}$$

⑪
$$\begin{array}{r} 3\,8 \\ +\ 3\,1 \\ \hline \end{array}$$

②
$$\begin{array}{r} 6\,4 \\ +\ 1\,3 \\ \hline \end{array}$$

⑦
$$\begin{array}{r} 4\,4 \\ +\ 1\,5 \\ \hline \end{array}$$

⑫
$$\begin{array}{r} 2\,2 \\ +\ 5\,5 \\ \hline \end{array}$$

③
$$\begin{array}{r} 4\,2 \\ +\ 5\,5 \\ \hline \end{array}$$

⑧
$$\begin{array}{r} 3\,2 \\ +\ 5\,2 \\ \hline \end{array}$$

⑬
$$\begin{array}{r} 1\,5 \\ +\ 4\,4 \\ \hline \end{array}$$

④
$$\begin{array}{r} 2\,4 \\ +\ 3\,3 \\ \hline \end{array}$$

⑨
$$\begin{array}{r} 1\,3 \\ +\ 7\,2 \\ \hline \end{array}$$

⑭
$$\begin{array}{r} 6\,2 \\ +\ 3\,1 \\ \hline \end{array}$$

⑤
$$\begin{array}{r} 2\,5 \\ +\ 7\,3 \\ \hline \end{array}$$

⑩
$$\begin{array}{r} 2\,6 \\ +\ 4\,1 \\ \hline \end{array}$$

⑮
$$\begin{array}{r} 8\,6 \\ +\ 1\,2 \\ \hline \end{array}$$

○ 다음 덧셈을 하세요.

① 23+23 = ☐

② 63+22 = ☐

③ 74+15 = ☐

④ 18+41 = ☐

⑤ 53+14 = ☐

⑥ 36+43 = ☐

⑦ 81+16 = ☐

⑧ 24+45 = ☐

⑨ 62+24 = ☐

⑩ 37+21 = ☐

⑪ 24+55 = ☐

⑫ 42+34 = ☐

○ 두 수를 더하여 빈칸에 알맞은 수를 써 보세요.

①
34	23

②
42	54

③
32	13

④
14	52

⑤
25	63

⑥
46	22

⑦
25	42

⑧
36	41

⑨
52	32

6일차 받아올림이 없는 (두 자리 수)+(두 자리 수)

1. 그림을 보고, 덧셈을 하세요.

❶ 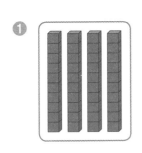 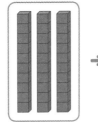 →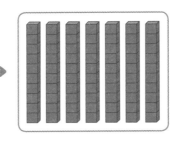

$40+30=\boxed{}$

❷ 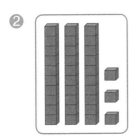  →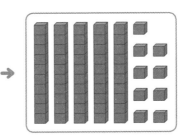

$33+26=\boxed{}$

2. 다음 덧셈을 하세요.

❶
$$\begin{array}{r} 3\,0 \\ +\ 2\,0 \\ \hline \boxed{} \end{array}$$

❷
$$\begin{array}{r} 7\,0 \\ +\ 1\,2 \\ \hline \boxed{} \end{array}$$

❸
$$\begin{array}{r} 3\,3 \\ +\ 4\,6 \\ \hline \boxed{} \end{array}$$

3. 다음 덧셈식의 합을 찾아 선으로 이어 보세요.

❶ 30+20 •   • 83 •   • 40+10

❷ 50+33 •   • 79 •   • 39+40

❸ 15+64 •   • 50 •   • 31+52

4. 덧셈을 하여 빈칸에 알맞은 수를 써 보세요.

❶

+	13	21	44
41			85
30		51	
52			

❷

+	22	15	26
21			47
63			
72	94		

5. 같은 과일 모양의 수끼리 더하면 몇일까요? ☐ 안에 알맞은 수를 써 보세요.

🍎	🍏	🍎	🍏	🫐	🫐
82	20	16	40	20	35

❶ 🍎 → ☐　　　❷ 🍏 → ☐　　　❸ 🫐 → ☐

6. 엄마가 시장에서 계란 한 판을 사오셨는데, 옆집 진수 엄마가 계란 두 판을 가져오셨어요. 우리 집에 있는 계란은 모두 몇 개인지 식을 쓰고 답을 구해 보세요.
   (단, 계란 한판은 30개씩이에요.)

식 _____　　답 ☐ 개

73

5주

받아내림이 없는
(두 자리 수)-(한 자리 수)

 학습 목표

- 받아내림이 없는 (몇십 몇)-(몇)의 계산을 할 수 있다.

계산력 마스터 표

오늘의 학습 성취도를 매일매일 체크하세요!

집중해서 공부를 하였나요?

학습 결과가 기준을 통과했다면 스티커를 붙여 주세요.

5주	학습 관리		맞은 개수 걸린 시간	통과 기준	계산력 마스터
1일차		개념 이해, 사고셈		학습 완료	
2일차	집중 훈련	정확히 풀기	개	17/19개	
3일차		빠르게 풀기	분 초	5분 이내	
4일차		정확히 풀기	개	27/30개	
5일차		빠르게 풀기	분 초	5분 이내	
6일차		계산력 완성	개 분 초	17/19개 5분 이내	

한 주 동안의 학습을 다 마쳤나요?

틀린 문제까지 다시 풀어 모두 해결했다면  계산력
마스터

스티커를 붙여 주세요.

차가 두 자리 수인 두 자리 수와 한 자리 수의 뺄셈을 공부할 거예요. 자릿수가 다를 경우 어떻게 계산하는지 세로셈을 통해 알아보고, 충분히 연습해 보세요. 뺄셈에 자신감이 생겨 받아내림이 있는 두 자리 수끼리의 뺄셈도 잘하게 될 거예요.

교과 연계 1학년 2학기 3단원 덧셈과 뺄셈 (1)

 낱개만 줄 거야!

● 수 모형으로 (몇십 몇)−(몇) 알아보기

• 25−5의 계산

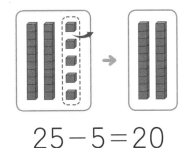

$$25 - 5 = 20$$

• 37−5의 계산

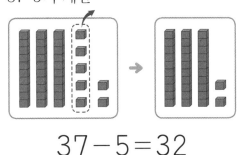

$$37 - 5 = 32$$

● 세로셈으로 뺄셈하기

① 자리를 잘 맞추어 써요.

② 일의 자리 숫자끼리 먼저 계산해요.

③ 십의 자리 숫자를 그대로 내려써요.

	3	7
−		5

→

	3	7
−		5
		2

→

	3	7
−		5
	3	2

● 수 가르기와 뺄셈하기

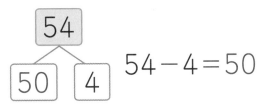

$$54 - 4 = 50$$

54는 50과 4로 갈라지므로,
54−4=50이에요.

$$26 - 6 = 20$$

26는 20과 6으로 갈라지므로,
26−6=20이에요

Tip 뺄셈을 해결하는 과정을 자유롭고 다양하게 이용할 수 있도록 격려해 주세요.

식은 달라도 답은 하나!

○ 동물 친구들이 들고 있는 뺄셈식을 계산한 결과가 같은 것끼리 선으로 이어 보세요.

① 68－8

52－2

② 54－4

86－6

③ 85－5

63－3

④ 49－9

47－7

길 찾기

빨간 모자가 길을 잃었어요. 계산 결과가 52인 길을 찾으면 된대요. 차를 구해
빨간 모자가 가야 할 길을 찾아보세요.

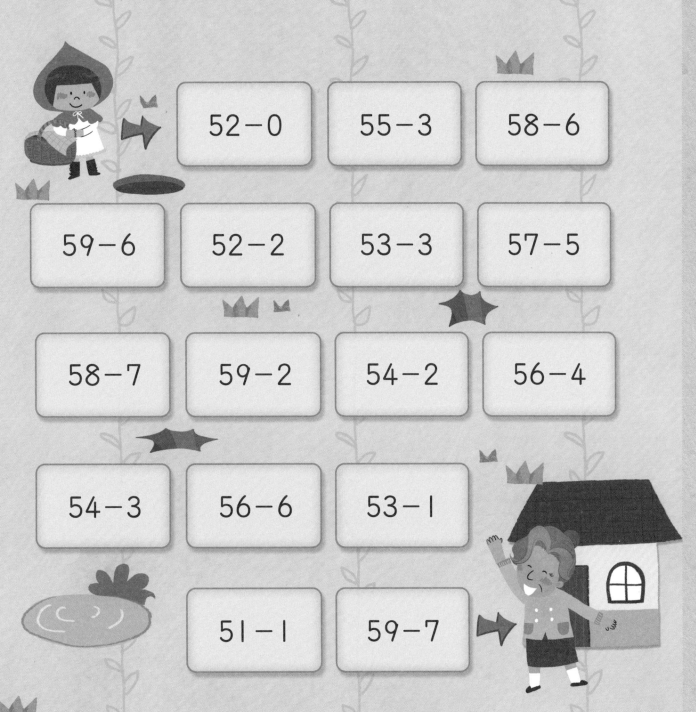

52 - 0	55 - 3	58 - 6
59 - 6	52 - 2	53 - 3	57 - 5
58 - 7	59 - 2	54 - 2	56 - 4
54 - 3	56 - 6	53 - 1
51 - 1	59 - 7

○ 그림을 보고, 뺄셈을 하세요.

①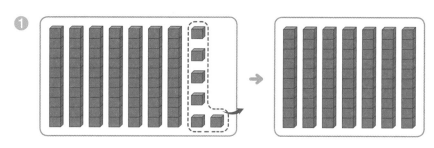

$$76 - 6 = \boxed{}$$

②

$$89 - 7 = \boxed{}$$

③

$$94 - 2 = \boxed{}$$

④ $42 - 2 = \boxed{}$ ⑥ $37 - 7 = \boxed{}$ ⑧ $17 - 5 = \boxed{}$

⑤ $25 - 5 = \boxed{}$ ⑦ $76 - 5 = \boxed{}$ ⑨ $83 - 2 = \boxed{}$

○ 수를 두 수로 갈라 □ 안에 알맞은 수를 쓰고, 뺄셈을 하세요.

❶ 85
　□　5
$85 - 5 = \boxed{}$

❻ 76
　□　6
$76 - 6 = \boxed{}$

❷ 92
　□　2
$92 - 2 = \boxed{}$

❼ 88
　□　8
$88 - 8 = \boxed{}$

❸ 67
　□　7
$67 - 7 = \boxed{}$

❽ 59
　□　9
$59 - 9 = \boxed{}$

❹ 43
　□　3

	4	3
−		3

❾ 19
　□　9

	1	9
−		9

❺ 56
　□　6

	5	6
−		6

❿ 39
　□　9

	3	9
−		9

81

빠르게 풀기

○ 다음 뺄셈을 하세요.

① $24 - 3 =$ ☐

⑥ $94 - 2 =$ ☐

⑪ $26 - 6 =$ ☐

② $59 - 6 =$ ☐

⑦ $76 - 4 =$ ☐

⑫ $79 - 9 =$ ☐

③ $37 - 3 =$ ☐

⑧ $86 - 3 =$ ☐

⑬ $99 - 9 =$ ☐

④ $68 - 6 =$ ☐

⑨ $97 - 3 =$ ☐

⑭ $66 - 6 =$ ☐

⑤ $47 - 3 =$ ☐

⑩ $84 - 3 =$ ☐

⑮ $28 - 8 =$ ☐

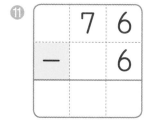
◐ 다음 뺄셈을 하세요.

❶
```
    9 8
 -    5
```

❷
```
    4 4
 -    3
```

❸
```
    7 5
 -    3
```

❹
```
    2 8
 -    6
```

❺
```
    9 5
 -    3
```

❻
```
    7 6
 -    3
```

❼
```
    4 8
 -    6
```

❽
```
    5 5
 -    2
```

❾
```
    1 8
 -    5
```

❿
```
    9 7
 -    6
```

⓫
```
    7 6
 -    6
```

⓬
```
    4 7
 -    7
```

⓭
```
    5 9
 -    9
```

⓮
```
    7 4
 -    4
```

⓯
```
    2 5
 -    5
```

4일차 받아내림이 없는 (몇십 몇) - (몇) ③

○ 다음 뺄셈을 하세요.

❶
```
    6 4
  -   4
    6 0
```

❷
```
    5 6
  -   6
```

❸
```
    1 8
  -   8
```

❹
```
    2 7
  -   7
```

❺
```
    5 5
  -   5
```

❻
```
    3 8
  -   3
```

❼
```
    6 7
  -   2
```

❽
```
    4 7
  -   6
```

❾
```
    1 5
  -   3
```

❿
```
    3 6
  -   2
```

⓫
```
    7 8
  -   6
```

⓬
```
    9 6
  -   5
```

⓭
```
    8 6
  -   4
```

⓮
```
    4 9
  -   8
```

⓯
```
    7 7
  -   3
```

◎ 다음 뺄셈을 하세요.

①
$$\begin{array}{r} 49 \\ -9 \\ \hline \square \end{array}$$

④
$$\begin{array}{r} 19 \\ -6 \\ \hline \square \end{array}$$

⑦
$$\begin{array}{r} 58 \\ -8 \\ \hline \square \end{array}$$

②
$$\begin{array}{r} 96 \\ -6 \\ \hline \square \end{array}$$

⑤
$$\begin{array}{r} 99 \\ -6 \\ \hline \square \end{array}$$

⑧
$$\begin{array}{r} 29 \\ -6 \\ \hline \square \end{array}$$

③
$$\begin{array}{r} 65 \\ -5 \\ \hline \square \end{array}$$

⑥
$$\begin{array}{r} 77 \\ -2 \\ \hline \square \end{array}$$

⑨
$$\begin{array}{r} 34 \\ -2 \\ \hline \square \end{array}$$

◎ □ 안에 알맞은 수를 써서 큰 수에서 작은 수를 빼는 뺄셈식을 만들고 차를 구하세요.

① 28   3

$\square - \square = \square$

③ 2   92

$\square - \square = \square$

⑤ 43   1

$\square - \square = \square$

② 36   6

$\square - \square = \square$

④ 4   79

$\square - \square = \square$

⑥ 2   25

$\square - \square = \square$

5일차 받아내림이 없는 (몇십 몇) − (몇) ④

○ 다음 뺄셈을 하세요.

① 26 − 6 = ☐   ⑥ 19 − 5 = ☐   ⑪ 15 − 2 = ☐

② 52 − 2 = ☐   ⑦ 98 − 5 = ☐   ⑫ 37 − 4 = ☐

③ 48 − 5 = ☐   ⑧ 27 − 1 = ☐   ⑬ 68 − 6 = ☐

④ 55 − 3 = ☐   ⑨ 67 − 5 = ☐   ⑭ 69 − 4 = ☐

⑤ 57 − 4 = ☐   ⑩ 99 − 8 = ☐   ⑮ 46 − 3 = ☐

○ 다음 뺄셈을 하세요.

① 　86
　− 　3
　□

② 　49
　− 　7
　□

③ 　28
　− 　7
　□

④ 　63
　− 　2
　□

⑤ 　47
　− 　6
　□

⑥ 　29
　− 　3
　□

⑦ 　13
　− 　1
　□

⑧ 　76
　− 　2
　□

⑨ 　64
　− 　2
　□

⑩ 　98
　− 　7
　□

⑪ 　56
　− 　2
　□

⑫ 　33
　− 　2
　□

⑬ 　75
　− 　2
　□

⑭ 　84
　− 　1
　□

⑮ 　99
　− 　4
　□

1. 그림을 보고, 뺄셈을 하세요.

①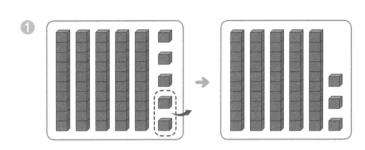

$55-2=\boxed{}$

②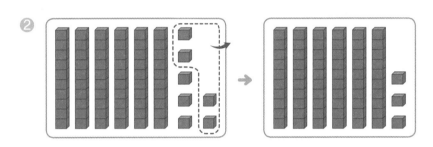

$67-4=\boxed{}$

2. 수를 두 수로 갈라 □ 안에 알맞은 수를 쓰고, 뺄셈을 하세요.

①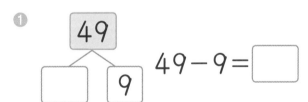

$49-9=\boxed{}$

②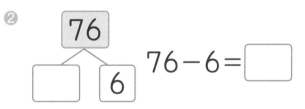

$76-6=\boxed{}$

3. 차를 바르게 구했으면 □ 안에 ○표, 잘못 구했으면 바르게 구하여 알맞게 써 보세요.

① $97-6=93$ $\boxed{}$

③ $89-8=81$ $\boxed{}$

② $88-4=84$ $\boxed{}$

④ $25-3=21$ $\boxed{}$

4. 다음 뺄셈을 하세요.

❶ $44 - 4 = \boxed{}$ ❸ $83 - 3 = \boxed{}$ ❺ $47 - 1 = \boxed{}$

❷
$$
\begin{array}{r}
5\,5 \\
-\ \ 3 \\
\hline
\boxed{}
\end{array}
$$

❹
$$
\begin{array}{r}
6\,7 \\
-\ \ 3 \\
\hline
\boxed{}
\end{array}
$$

❻
$$
\begin{array}{r}
3\,2 \\
-\ \ 2 \\
\hline
\boxed{}
\end{array}
$$

5. 다음 뺄셈을 하여 차를 구하고, 차를 비교하여 ○ 안에 > 또는 <를 알맞게
써 보세요.

❶ $\boxed{55-5}$ ◯ $\boxed{55-2}$ ❷ $\boxed{26-3}$ ◯ $\boxed{37-7}$

6. 가장 큰 수와 가장 작은 수의 차를 구하는 뺄셈식을 만들고, 차를 구하세요.

❶
$$\boxed{76 \quad 61 \quad 5}$$
$\boxed{} - \boxed{} = \boxed{}$

❷
$$\boxed{29 \quad 4 \quad 36}$$
$\boxed{} - \boxed{} = \boxed{}$

7. 슬기는 동화책을 65권 가지고 있고, 진희는 슬기의 동화책보다 2권 적게 가지고
있어요. 진희의 동화책은 몇 권인지 식을 쓰고 답을 구해 보세요.

식 _____ 답 $\boxed{}$ 권

받아내림이 없는 (두 자리 수)-(두 자리 수)

학습 목표

- 받아내림이 없는 (몇십)-(몇십)의 계산을 할 수 있다.
- 받아내림이 없는 (몇십 몇)-(몇십)의 계산을 할 수 있다.
- 받아내림이 없는 (몇십 몇)-(몇십 몇)의 계산을 할 수 있다.

계산력 마스터 표

오늘의 학습 성취도를 매일매일 체크하세요!

집중해서 공부를 하였나요?

학습 결과가 기준을 통과했다면 스티커를 붙여 주세요.

6주		학습 관리	맞은 개수 걸린 시간		통과 기준	계산력 마스터
1일차		개념 이해, 사고셈			학습 완료	
2일차	집중 훈련	정확히 풀기		개	22/25개	
3일차		빠르게 풀기	분	초	4분 이내	
4일차		정확히 풀기		개	22/25개	
5일차		빠르게 풀기	분	초	4분 이내	
6일차		계산력 완성	분	개 초	17/19개 5분 이내	

한 주 동안의 학습을 다 마쳤나요?

틀린 문제까지 다시 풀어 모두 해결했다면  스티커를 붙여 주세요.

차가 두 자리 수인 두 자리 수끼리의 뺄셈을 공부할 거예요. 수 모형과 세로셈으로 계산하는 방법을 알아보고 충분히 연습해 보세요. 뺄셈에 자신감이 생겨 받아내림이 있는 뺄셈도 잘할 수 있게 된답니다.

교과 연계 1학년 2학기 3단원 덧셈과 뺄셈(1)

 50원으로 살 수 있는 것들!

◐ 수 모형으로 (몇십)−(몇십)/(몇십 몇)−(몇십) 알아보기

- 60−20의 계산

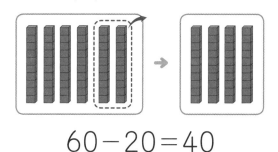

$$60 - 20 = 40$$

- 42−20의 계산

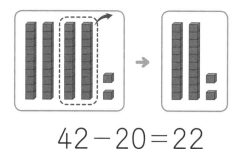

$$42 - 20 = 22$$

◐ 수 모형으로 (몇십 몇)−(몇십 몇) 알아보기

- 57−24의 계산

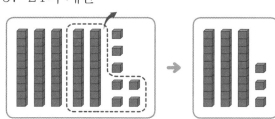

$$57 - 24 = 33$$

◐ 세로셈으로 뺄셈하기

① 자리를 잘 맞추어 써요.

② 일의 자리 숫자끼리 먼저 계산해요.

③ 십의 자리 숫자끼리 계산해요.

	5	7
−	2	4

→

	5	7
−	2	4
		3

→

	5	7
−	2	4
	3	3

Tip 두 자리 수끼리의 뺄셈은 일의 자리부터 계산하며, 같은 자리의 수끼리 계산한다는 것을 알게 해 주세요.

빼고 또 빼고!

○ 짝지은 두 수의 차를 구하여 빈칸에 알맞게 써 보세요.

❶

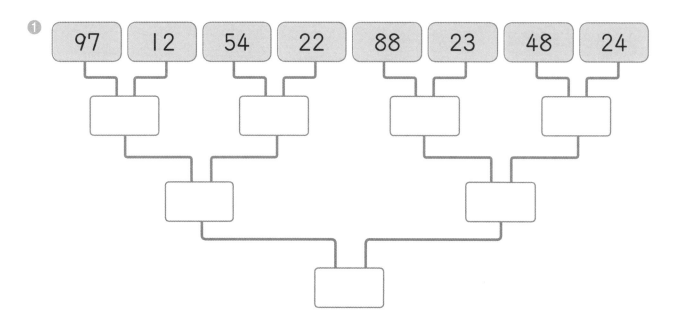

| 97 | 12 | 54 | 22 | 88 | 23 | 48 | 24 |

❷

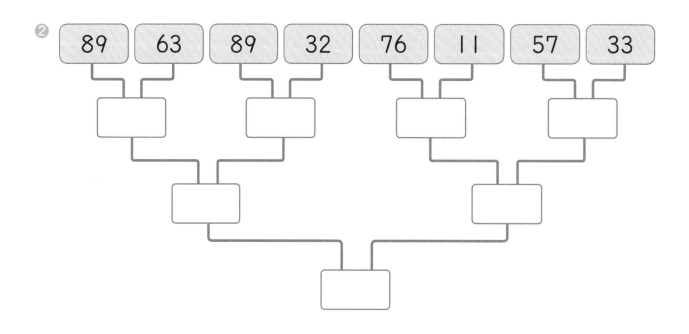

| 89 | 63 | 89 | 32 | 76 | 11 | 57 | 33 |

차가 가장 큰 뺄셈식

○ 숫자 카드를 한 번씩만 사용하여 두 자리 수를 만들어 차가 가장 큰 뺄셈식을 만들고 차를 구해 보세요.

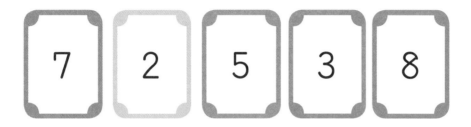

❶ 가장 큰 두 자리 수를 만들어 보세요.

❷ 가장 작은 두 자리 수를 만들어 보세요.

❸ 두 수의 차를 구하는 뺄셈식을 써 보세요.

❹ 두 수의 차는 얼마인지 구해 보세요.

○ 그림을 보고, 뺄셈을 하세요.

①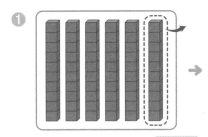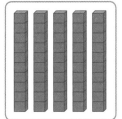

$60 - 10 =$ ☐

⑤ $40 - 10 =$ ☐

②

$30 - 10 =$ ☐

⑥ $80 - 70 =$ ☐

③

$90 - 20 =$ ☐

⑦ $60 - 30 =$ ☐

⑧ $70 - 20 =$ ☐

④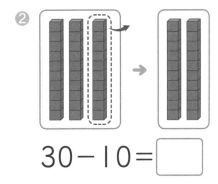

$90 - 60 =$ ☐

⑨ $90 - 50 =$ ☐

⑩ $50 - 20 =$ ☐

96

○ 다음 뺄셈을 하세요.

❶
```
    8 0
-   6 0
```

❷
```
    5 0
-   1 0
```

❸
```
    5 0
-   4 0
```

❹
```
    7 0
-   2 0
```

❺
```
    9 0
-   2 0
```

❻
```
    8 0
-   3 0
```

❼
```
    9 0
-   1 0
```

❽
```
    7 0
-   6 0
```

❾
```
    8 0
-   4 0
```

❿
```
    7 0
-   1 0
```

⓫
```
    9 0
-   5 0
```

⓬
```
    8 0
-   2 0
```

⓭
```
    6 0
-   3 0
```

⓮
```
    9 0
-   7 0
```

⓯
```
    5 0
-   2 0
```

◎ 다음 뺄셈을 하세요.

① 50−40=☐   ④ 90−50=☐   ⑦ 70−20=☐

②
$$
\begin{array}{r}
6\,0 \\
-\ 2\,0 \\
\hline

\end{array}
$$

⑤
$$
\begin{array}{r}
6\,0 \\
-\ 3\,0 \\
\hline

\end{array}
$$

⑧
$$
\begin{array}{r}
9\,0 \\
-\ 6\,0 \\
\hline

\end{array}
$$

③
$$
\begin{array}{r}
5\,0 \\
-\ 3\,0 \\
\hline

\end{array}
$$

⑥
$$
\begin{array}{r}
9\,0 \\
-\ 7\,0 \\
\hline

\end{array}
$$

⑨
$$
\begin{array}{r}
5\,0 \\
-\ 1\,0 \\
\hline

\end{array}
$$

◎ 두 수의 차를 구해 빈칸에 써 보세요.

①
30	80

④
90	40

⑦
50	20

②
10	30

⑤
30	70

⑧
40	60

③
70	50

⑥
80	10

⑨
20	40

◎ 계산한 결과가 왼쪽의 수와 같은 식을 찾아 ○표 해 보세요.

❶ | 10 |　| 30-20 |　| 50-20 |　| 25-5 |

❷ | 30 |　| 54-4 |　| 70-30 |　| 60-30 |

❸ | 40 |　| 59-9 |　| 80-40 |　| 40-30 |

❹ | 50 |　| 30-20 |　| 80-30 |　| 70-40 |

◎ 그림을 보고, 양손에 있는 동전의 차를 구하는 뺄셈식을 만들어 계산하세요.

❶

□ - □ = □

❸
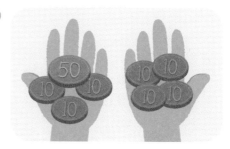

□ - □ = □

❷
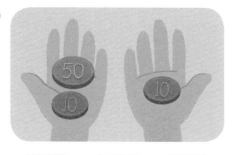

□ - □ = □

❹

□ - □ = □

4일차 받아내림이 없는 (몇십 몇) − (몇십/몇십 몇) ①

○ 그림을 보고, 뺄셈을 하세요.

①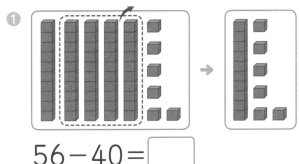

56 − 40 = ☐

⑤ 78 − 10 = ☐

⑥ 69 − 53 = ☐

②

74 − 24 = ☐

⑦ 97 − 52 = ☐

③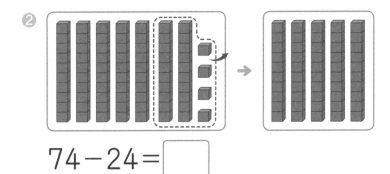

49 − 17 = ☐

⑧ 83 − 60 = ☐

⑨ 26 − 15 = ☐

④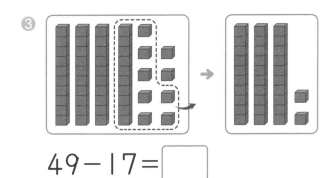

64 − 22 = ☐

⑩ 74 − 20 = ☐

○ 다음 뺄셈을 하세요.

❶
```
  3 7
- 1 4
```

❷
```
  7 9
- 2 8
```

❸
```
  5 8
- 3 0
```

❹
```
  7 3
- 6 1
```

❺
```
  4 9
- 2 0
```

❻
```
  5 9
- 4 0
```

❼
```
  8 8
- 2 8
```

❽
```
  6 7
- 4 6
```

❾
```
  9 6
- 4 4
```

❿
```
  6 6
- 2 6
```

⓫
```
  7 8
- 2 0
```

⓬
```
  9 6
- 5 5
```

⓭
```
  8 6
- 4 0
```

⓮
```
  8 9
- 3 0
```

⓯
```
  7 7
- 2 7
```

○ 다음 뺄셈을 하세요.

① $\begin{array}{r} 89 \\ -\ 40 \\ \hline \end{array}$

② $\begin{array}{r} 55 \\ -\ 30 \\ \hline \end{array}$

③ $\begin{array}{r} 88 \\ -\ 75 \\ \hline \end{array}$

④ $\begin{array}{r} 68 \\ -\ 50 \\ \hline \end{array}$

⑤ $\begin{array}{r} 65 \\ -\ 34 \\ \hline \end{array}$

⑥ $\begin{array}{r} 97 \\ -\ 12 \\ \hline \end{array}$

⑦ $\begin{array}{r} 89 \\ -\ 18 \\ \hline \end{array}$

⑧ $\begin{array}{r} 58 \\ -\ 38 \\ \hline \end{array}$

⑨ $\begin{array}{r} 87 \\ -\ 55 \\ \hline \end{array}$

⑩ $\begin{array}{r} 57 \\ -\ 37 \\ \hline \end{array}$

⑪ $\begin{array}{r} 74 \\ -\ 30 \\ \hline \end{array}$

⑫ $\begin{array}{r} 95 \\ -\ 70 \\ \hline \end{array}$

⑬ $\begin{array}{r} 83 \\ -\ 40 \\ \hline \end{array}$

⑭ $\begin{array}{r} 92 \\ -\ 50 \\ \hline \end{array}$

⑮ $\begin{array}{r} 55 \\ -\ 20 \\ \hline \end{array}$

○ 뺄셈을 하여 빈칸에 알맞은 수를 써 보세요.

❶
−	10	11	21
41	31		20
56		45	

❹
−	20	23	41
59			
76			

❷
−	50	44	63
87			
76			

❺
−	30	23	44
88			
55			

❸
−	40	55	29
69			
79			

❻
−	30	33	15
48			
65			

○ 뺄셈을 하여 계산 결과를 찾아 선으로 이어 보세요.

❶ 49 − 38

❷ 44 − 20

❸ 88 − 44

33

11

44

24

69 − 45

53 − 20

76 − 65

1. 그림을 보고, 뺄셈을 하세요.

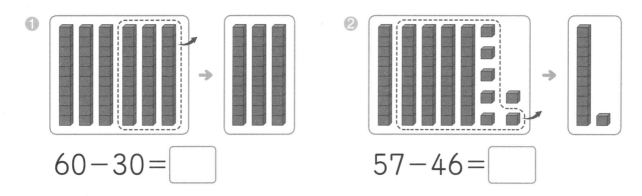

➊ 60−30= ☐

➋ 57−46= ☐

2. 다음 뺄셈을 하세요.

➊ 70−20= ☐   ➌ 66−50= ☐   ➎ 72−31= ☐

➋ 40−10= ☐   ➍ 94−30= ☐   ➏ 58−24= ☐

3. 차를 구해 ☐ 안에 쓰고, 차가 가장 작은 것에 ○표 하세요.

➊
```
  7 0
− 5 0
─────
```
☐

➋
```
  9 5
− 4 0
─────
```
☐

➌
```
  8 8
− 5 6
─────
```
☐

➍
```
  8 9
− 6 3
─────
```
☐

4. 뺄셈을 하여 빈칸에 알맞은 수를 써 보세요.

❶
−	20	30	40
50			
75			

❷
−	63	51	22
84			
76			

5. 계산 결과가 왼쪽의 수와 같은 뺄셈식을 모두 찾아 ○표 해 보세요.

❶　60　　78−50　　78−18　　80−20

❷　22　　55−33　　64−44　　36−14

6. 그림을 보고, 양손에 놓인 동전의 차를 구하는 뺄셈식을 만들어 계산하세요.

❶

❷

7. 코끼리 열차에 58명이 타고 있었는데, 동물원에서 25명이 내렸어요. 지금 코끼리
열차에 타고 있는 사람은 몇 명인지 식을 쓰고 답을 구해 보세요.

식 _____

답 명

105

받아올림, 받아내림이 없는
두 자리 수 연산 종합 ①

학습 목표

- 받아올림, 받아내림이 없는 (몇십 몇)과
  (몇)의 덧셈과 뺄셈을 할 수 있다.

- 받아올림, 받아내림이 없는 (몇십 몇)과 (몇십)
  또는 (몇십 몇)의 덧셈과 뺄셈을 할 수 있다.

- 받아올림, 받아내림이 없는 두 자리
  수끼리의 덧셈과 뺄셈에 관련된
  여러 가지 문제를 풀 수 있다.

계산력 마스터 표

오늘의 학습 성취도를 매일매일 체크하세요!

집중해서 공부를 하였나요?

학습 결과가 기준을 통과했다면 스티커를 붙여 주세요.

7주		학습 관리	맞은 개수 걸린 시간	통과 기준	계산력 마스터
1일차		개념 이해, 사고셈		학습 완료	
2일차	집중 훈련	정확히 풀기	개	27/30개	
3일차		빠르게 풀기	분　초	5분 이내	
4일차		정확히 풀기	개	18/20개	
5일차		빠르게 풀기	분　초	4분 이내	
6일차		계산력 완성	개 분　초	18/20개 5분 이내	

한 주 동안의 학습을 다 마쳤나요?

틀린 문제까지 다시 풀어 모두 해결했다면 스티커를 붙여 주세요.

받아올림과 받아내림이 없는 두 자리 수의 연산을 다시 한번 공부할 거예요. 받아올림과 받아내림이 있는 연산을 공부하기 전에 충분히 연습하여 받아올림과 받아내림이 있는 연산을 준비해 보세요. 덧셈과 뺄셈을 응용한 여러 가지 문제를 풀며 수학에 자신감도 키워 보세요.

교과 연계 1학년 2학기 덧셈과 뺄셈(1)

 조건에 맞는 수를 구하라고!

◎ **어떤 수 구하고, 바르게 계산하기**

　어떤 수에 10을 더해야 할 것을 잘못하여 뺐더니 70이 되었습니다. 바르게 계산하면
　얼마일까요?

· 어떤 수에서 10을 빼서 70이 되었으므로, 어떤 수는 80이에요.
· 바르게 계산하면 어떤 수＋10이므로, 80＋10＝90이에요.

◎ **조건에 맞는 □ 안의 수 구하기**

　1부터 9까지의 수 중에서 □ 안에 들어갈 수 있는 수는 모두 몇 개일까요?

$$\square 6+3>71$$

· 위의 식에서 일의 자리 숫자끼리 덧셈을 하면 6＋3＝9이고, 일의 자리 숫자 9＞1므로, 십
　의 자리 숫자인 □ 안에는 7, 8, 9가 모두 들어갈 수 있어요. 그러므로 □ 안에 들어갈 수
　있는 수는 3개예요.

◎ **숫자 카드로 조건에 맞는 덧셈식 만들기**

> 세 장의 숫자 카드 7, 2, 5 중 두 장을 골라
> 두 자리 수를 만들고 남은 한 장으로 한 자리 수를
> 만들었어요. 만든 수의 합이 가장 크게 되는 덧셈식을
> 만들고 합을 구하세요.

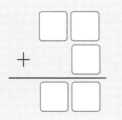

· 세 장의 숫자 카드로 만든 두 자리 수 ➡ 75, 72, 57, 52, 27, 25
　만든 두 자리 수 중 큰 수(75, 72)와 나머지 한 수(2, 5)를 더하면 합이 가장 큰 덧셈식이
　되는데, 그러한 덧셈식은 75＋2＝77, 72＋5＝77 이렇게 두 가지가 있어요.

Tip 받아올림과 받아내림이 없는 덧셈과 뺄셈에서는 십의 자리와 일의 자리에 대한 자릿수 개념을 확실히 이해할 수
　　있도록 지도해 주세요.

정글에서 살아남기

○ 공주를 찾아가려면 정글을 지나야 해요. 정글은 무시무시한 동물과 벌레들이 살고 있어요. 이 정글에서 빠져나오려면 계산 결과가 64가 되는 푯말이 있는 곳을 따라 가야 해요. 알맞은 길을 찾아 정글을 탈출해 보세요.

출발 → 41+23 88−24 79−16 42+32

84−30 78−14 22+33 66−12

32+32 40+24 40+34 21+35

52+12 66−2 30+34 12+34

79−14 85−20 99−35 86−22 → 도착

너와 나는 짝!

○ 친구들이 덧셈식과 뺄셈식이 쓰여 있는 카드를 한 장씩 들고 있어요. 계산한 결과
가 같은 친구들끼리 짝이 되기로 했어요. 짝을 찾아 선으로 이어 보세요.

❶
12+45

36-3

❷
10+12

89-32

❸
67-34

37-15

○ 다음 덧셈을 하세요.

❶
```
    2 4
+     3
-------
```

❷
```
    6 1
+     6
-------
```

❸
```
    5 1
+     1
-------
```

❹
```
    6 2
+     2
-------
```

❺
```
    4 2
+     4
-------
```

❻
```
    2 4
+     5
-------
```

❼
```
    3 5
+     4
-------
```

❽
```
    9 2
+     7
-------
```

❾
```
    3 5
+     4
-------
```

❿
```
    1 1
+     7
-------
```

⓫
```
      1
+   3 8
-------
```

⓬
```
      2
+   2 7
-------
```

⓭
```
      4
+   1 1
-------
```

⓮
```
      2
+   5 3
-------
```

⓯
```
      3
+   7 4
-------
```

○ 다음 뺄셈을 하세요.

①
```
    4 4
 -    2
```

②
```
    6 8
 -    3
```

③
```
    1 6
 -    3
```

④
```
    9 5
 -    4
```

⑤
```
    8 6
 -    6
```

⑥
```
    5 6
 -    3
```

⑦
```
    7 8
 -    5
```

⑧
```
    3 8
 -    2
```

⑨
```
    2 5
 -    3
```

⑩
```
    4 9
 -    7
```

⑪
```
    6 5
 -    3
```

⑫
```
    5 2
 -    2
```

⑬
```
    8 7
 -    2
```

⑭
```
    9 4
 -    4
```

⑮
```
    4 7
 -    3
```

113

○ 다음 계산을 하세요.

① $41 + 7 =$ ⬚

⑥ $1 + 46 =$ ⬚

⑪ $77 - 4 =$ ⬚

② $53 + 2 =$ ⬚

⑦ $6 + 22 =$ ⬚

⑫ $98 - 3 =$ ⬚

③ $94 + 3 =$ ⬚

⑧ $39 - 2 =$ ⬚

⑬ $86 - 4 =$ ⬚

④ $8 + 61 =$ ⬚

⑨ $48 - 7 =$ ⬚

⑭ $65 - 4 =$ ⬚

⑤ $7 + 42 =$ ⬚

⑩ $27 - 3 =$ ⬚

⑮ $19 - 7 =$ ⬚

◯ 다음 계산을 하세요.

①
$$\begin{array}{r} 9\,2 \\ +\ \ \ 6 \\ \hline \square \end{array}$$

②
$$\begin{array}{r} 2\,3 \\ +\ \ \ 6 \\ \hline \square \end{array}$$

③
$$\begin{array}{r} 6\,3 \\ +\ \ \ 2 \\ \hline \square \end{array}$$

④
$$\begin{array}{r} 8\,2 \\ +\ \ \ 6 \\ \hline \square \end{array}$$

⑤
$$\begin{array}{r} 4\,1 \\ +\ \ \ 8 \\ \hline \square \end{array}$$

⑥
$$\begin{array}{r} 1\,3 \\ +\ \ \ 5 \\ \hline \square \end{array}$$

⑦
$$\begin{array}{r} 8\,5 \\ +\ \ \ 4 \\ \hline \square \end{array}$$

⑧
$$\begin{array}{r} 1\,6 \\ +\ \ \ 3 \\ \hline \square \end{array}$$

⑨
$$\begin{array}{r} 6\,7 \\ -\ \ \ 5 \\ \hline \square \end{array}$$

⑩
$$\begin{array}{r} 7\,5 \\ -\ \ \ 2 \\ \hline \square \end{array}$$

⑪
$$\begin{array}{r} 1\,9 \\ -\ \ \ 3 \\ \hline \square \end{array}$$

⑫
$$\begin{array}{r} 3\,4 \\ -\ \ \ 3 \\ \hline \square \end{array}$$

⑬
$$\begin{array}{r} 9\,5 \\ -\ \ \ 4 \\ \hline \square \end{array}$$

⑭
$$\begin{array}{r} 2\,8 \\ -\ \ \ 5 \\ \hline \square \end{array}$$

⑮
$$\begin{array}{r} 5\,6 \\ -\ \ \ 4 \\ \hline \square \end{array}$$

○ 다음 계산을 하세요.

①
$$\begin{array}{r} 24 \\ +35 \\ \hline \end{array}$$

④
$$\begin{array}{r} 69 \\ -50 \\ \hline \end{array}$$

⑦
$$\begin{array}{r} 58 \\ -38 \\ \hline \end{array}$$

②
$$\begin{array}{r} 42 \\ +31 \\ \hline \end{array}$$

⑤
$$\begin{array}{r} 57 \\ -15 \\ \hline \end{array}$$

⑧
$$\begin{array}{r} 97 \\ -12 \\ \hline \end{array}$$

③
$$\begin{array}{r} 35 \\ +60 \\ \hline \end{array}$$

⑥
$$\begin{array}{r} 29 \\ -18 \\ \hline \end{array}$$

⑨
$$\begin{array}{r} 53 \\ -21 \\ \hline \end{array}$$

○ 다음을 읽고, □는 어떤 수인지 구해 ◯ 안에 써 보세요.

① □에 4을 더해야 할 것을 잘못하여 뺐더니 31이 되었습니다.

③ □에 30을 빼야 할 것을 잘못하여 더했더니 60이 되었습니다.

② □에 5를 더해야 할 것을 잘못하여 뺐더니 54가 되었습니다.

④ □에 20을 빼야 할 것을 잘못하여 더했더니 78이 되었습니다.

○ 1부터 9까지의 수 중에서 □ 안에 들어갈 수 있는 수를 모두 찾아 ○표 하세요.

❶ □4−2<56

| 1 2 3 4 5 |
| 6 7 8 9 |

❸ □8+10<49

| 1 2 3 4 5 |
| 6 7 8 9 |

❷ □5+1>60

| 1 2 3 4 5 |
| 6 7 8 9 |

❹ □5−23>57

| 1 2 3 4 5 |
| 6 7 8 9 |

○ 3장의 숫자 카드에서 2장을 골라 두 자리 수를 만들고, 남은 한 장의 수 카드와 더해요. 합을 가장 크게 하는 덧셈식을 만들어 계산하세요.

❶ 9 2 5   □ + □ = □ , □ + □ = □

❷ 3 6 8   □ + □ = □ , □ + □ = □

❸ 7 0 3   □ + □ = □ , □ + □ = □

5일차 두 자리 수 연산과 여러 가지 문제 ②

○ 다음 계산을 하세요.

① $12+46=$ ⬜   ⑤ $51+28=$ ⬜   ⑨ $86-50=$ ⬜

② $36+40=$ ⬜   ⑥ $48+21=$ ⬜   ⑩ $99-76=$ ⬜

③ $37+22=$ ⬜   ⑦ $55-24=$ ⬜   ⑪ $47-36=$ ⬜

④ $50+38=$ ⬜   ⑧ $74-10=$ ⬜   ⑫ $67-21=$ ⬜

○ 다음을 읽고, ⬜ 안에 알맞은 수와 바르게 계산한 값을 구해 (   ) 안에 써 보세요.

①
⬜에 2을 더해야 할 것을 잘못하여 뺐더니 55가 되었습니다.

⎡ ⬜ 안에 알맞은 수: (   )

⎣ 바르게 계산한 값: (   )

②
⬜에 3을 빼야 할 것을 잘못하여 더했더니 38이 되었습니다.

⎡ ⬜ 안에 알맞은 수: (   )

⎣ 바르게 계산한 값: (   )

③
⬜에 10을 빼야 할 것을 잘못하여 더했더니 55가 되었습니다.

⎡ ⬜ 안에 알맞은 수: (   )

⎣ 바르게 계산한 값: (   )

◎ □ 안에 1부터 9까지의 수를 넣어 들어갈 수 있는 수는 모두 몇 개일지 빈칸에 개수를
써 보세요.

❶ 41 > □5−3 　□개

❹ 79 > 3□+40 　□개

❷ 62 > □0+12 　□개

❺ 56 > □1+3 　□개

❸ 49 > □8+1 　□개

❻ 65 > 3□+30 　□개

◎ 3장의 숫자 카드에서 2장을 골라 두 자리 수를 만들고 남은 한 장의 수 카드와 더해
요. 합이 가장 크게 되는 수를 만들고 합을 구해 보세요.

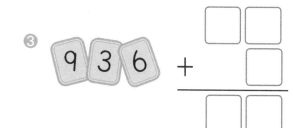

❶ 7 3 1 　　+ 　□□
　□

❸ 9 3 6 　　+ 　□□
　□

❷ 8 5 1 　　+ 　□□
　□

❹ 2 5 1 　　+ 　□□
　□

1. 다음 계산을 하세요.

　❶ 50+10=☐　　　　❹ 50−20=☐

　❷ 35+14=☐　　　　❺ 98−44=☐

　❸ 26+13=☐　　　　❻ 48−30=☐

❼ 　47
　+12
　☐

❽ 　68
　−34
　☐

❾ 　73
　−21
　☐

2. 빈칸에 알맞은 수를 써 보세요.

❶
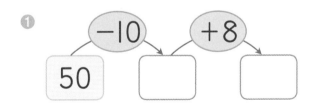

❷
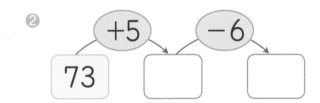

3. 어떤 수에서 5를 빼야 할 것을 더하였더니 68이 되었습니다. 어떤 수를 구해 보세요.

☐

4. 계산 결과를 비교하여 ◯ 안에 > 또는 <를 써 보세요.

① $86-45$ ◯ $63-21$　　② $37-3$ ◯ $88-44$

5. 1부터 9까지의 수 중에서 ☐ 안에 들어갈 수 있는 수를 ( ) 안에 모두 써 보세요.

① $78 > \boxed{}5+3$ ➜ (　　　　　　　　)

② $53 > \boxed{}8+1$ ➜ (　　　　　　　　)

③ $69 > 5\boxed{}+10$ ➜ (　　　　　　　　)

④ $74 > \boxed{}1+22$ ➜ (　　　　　　　　)

6. 다음을 계산하여 계산 결과가 큰 순서대로 빈칸에 기호를 써 보세요.

㉮ $23+14$　　㉯ $10+48$　　㉰ $98-43$　　㉱ $87-26$

　　　　　　　　　　　　_____ , ___ , ___ , ___

7. 가게에 음료수 캔이 10개씩 8묶음와 낱개 7개가 있었는데, 오늘 12개를 팔았어요.
남은 음료수 캔은 몇 개인지 식을 쓰고 답을 구해 보세요.

(식) _____　　(답) ☐ 개

8주

받아올림, 받아내림이 없는 두 자리 수 연산 종합 ②

학습 목표

- 받아올림, 받아내림이 없는 (몇십 몇)과 (몇십)의 덧셈과 뺄셈을 할 수 있다.

- 받아올림, 받아내림이 없는 (몇십 몇)과 (몇십 몇)의 덧셈과 뺄셈을 할 수 있다.

- 합과 차를 알고 □ 안에 알맞은 수를 구할 수 있다.

- 덧셈과 뺄셈의 관계를 알 수 있다.

계산력 마스터 표

오늘의 학습 성취도를 매일매일 체크하세요!

집중해서 공부를 하였나요?

학습 결과가 기준을 통과했다면 스티커를 붙여 주세요.

8주		학습 관리	맞은 개수 걸린 시간	통과 기준	계산력 마스터
1일차		개념 이해, 사고셈		학습 완료	
2일차	집중 훈련	정확히 풀기	개	27/30개	
3일차		빠르게 풀기	분 초	5분 이내	
4일차		정확히 풀기	개	27/30개	
5일차		빠르게 풀기	분 초	4분 이내	
6일차		계산력 완성	개 분 초	16/18개 5분 이내	

한 주 동안의 학습을 다 마쳤나요?

틀린 문제까지 다시 풀어 모두 해결했다면 스티커를 붙여 주세요.

1일차 받아올림, 받아내림이 없는 두 자리 수 연산 종합 ②

받아올림과 받아내림이 없는 두 자리 수의 연산을 다시 한 번 공부할 거예요. 더하는 수가 두 자리 수인 연산을 복습하고, 합과 차를 알고 더하는 수나 빼는 수를 구하는 응용 문제도 풀 거예요. 같은 자릿수끼리 더하거나 뺀다는 것을 기억하면 쉽게 풀 수 있답니다.

교과 연계 1학년 2학기 덧셈과 뺄셈(1)

 계산기보다 빠른 방법

◉ **두 수의 합을 알고, ☐ 안에 알맞은 수 구하기**

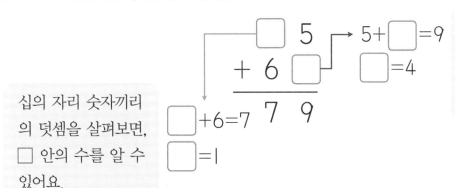

일의 자리의 숫자끼리의 덧셈을 살펴보면, ☐ 안의 수를 알 수 있어요.

십의 자리 숫자끼리의 덧셈을 살펴보면, ☐ 안의 수를 알 수 있어요.

◉ **두 수의 차를 알고, ☐ 안에 알맞은 수 구하기**

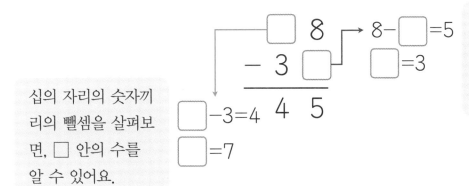

일의 자리의 숫자끼리의 뺄셈을 살펴보면, ☐ 안의 수를 알 수 있어요.

십의 자리의 숫자끼리의 뺄셈을 살펴보면, ☐ 안의 수를 알 수 있어요.

◉ **덧셈식을 보고 뺄셈식 만들기**

$$30+20=50$$

$$50-30=20$$
$$50-20=30$$

◉ **뺄셈식을 보고 덧셈식 만들기**

$$40-30=10$$

$$10+30=40$$
$$30+10=40$$

Tip 덧셈식을 보고 뺄셈식으로, 뺄셈식을 보고 덧셈식으로 나타내면서 덧셈과 뺄셈의 관계를 익히도록 해 주세요.

125

숨겨진 식을 찾아봐!

○ 3개의 구슬을 가로, 세로, 또는 대각선으로 묶고 덧셈식 또는 뺄셈식으로 나타내어
보세요. (3번 묶을 수 있고, 한 번 사용한 구슬도 다시 사용할 수 있어요.)

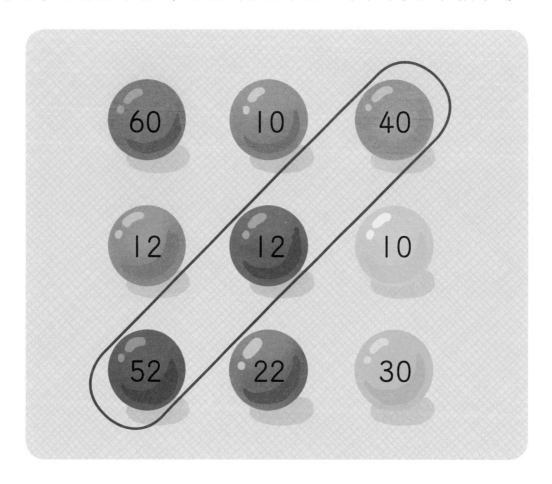

식 40+12=52, 52−40=12, 52−12=40

식

식

4형제의 배추밭 나누기

○ 농부 4형제가 12개로 나누어진 밭에서 농사를 지었어요. 밭에는 수확한 배추의 수가 적혀 있어요. 4형제가 배추를 50포기씩 똑같이 나누어 가지려면 어떻게 땅을 나누면 좋을지 선을 그어 표시해 보세요.

20+10+20=50

10	20	20
20	20	10
10	20	20
30	10	10

정확히 풀기

받아올림, 받아내림이 없는 (몇십 몇)과 (몇십)의 계산 ①

○ 다음 덧셈을 하세요.

①
```
    2 4
  + 3 0
```

②
```
    6 5
  + 3 0
```

③
```
    5 1
  + 4 0
```

④
```
    6 2
  + 2 0
```

⑤
```
    4 7
  + 5 0
```

⑥
```
    3 6
  + 5 0
```

⑦
```
    7 5
  + 2 0
```

⑧
```
    1 2
  + 8 0
```

⑨
```
    3 0
  + 1 1
```

⑩
```
    3 0
  + 2 7
```

⑪
```
    6 0
  + 3 8
```

⑫
```
    2 0
  + 7 4
```

⑬
```
    4 0
  + 5 3
```

⑭
```
    6 0
  + 2 2
```

⑮
```
    5 0
  + 2 4
```

○ 다음 뺄셈을 하세요.

❶
```
   4 4
 - 2 0
```

❷
```
   6 8
 - 5 0
```

❸
```
   8 6
 - 1 0
```

❹
```
   9 5
 - 7 0
```

❺
```
   8 6
 - 7 0
```

❻
```
   6 4
 - 2 0
```

❼
```
   6 8
 - 5 0
```

❽
```
   4 5
 - 2 0
```

❾
```
   3 8
 - 2 0
```

❿
```
   5 2
 - 4 0
```

⓫
```
   6 7
 - 5 0
```

⓬
```
   4 9
 - 3 0
```

⓭
```
   7 3
 - 3 0
```

⓮
```
   9 8
 - 6 0
```

⓯
```
   7 2
 - 4 0
```

○ 다음 계산을 하세요.

① $70+23=$ ⬜

② $10+88=$ ⬜

③ $23+65=$ ⬜

④ $50+36=$ ⬜

⑤ $21+40=$ ⬜

⑥ $65+30=$ ⬜

⑦ $41+37=$ ⬜

⑧ $85-10=$ ⬜

⑨ $45-20=$ ⬜

⑩ $66-40=$ ⬜

⑪ $67-30=$ ⬜

⑫ $46-30=$ ⬜

⑬ $75-30=$ ⬜

⑭ $47-15=$ ⬜

⑮ $93-12=$ ⬜

○ 다음 계산을 하세요.

① $\begin{array}{r} 45 \\ +20 \\ \hline \end{array}$

② $\begin{array}{r} 29 \\ +60 \\ \hline \end{array}$

③ $\begin{array}{r} 52 \\ +20 \\ \hline \end{array}$

④ $\begin{array}{r} 21 \\ +50 \\ \hline \end{array}$

⑤ $\begin{array}{r} 37 \\ +60 \\ \hline \end{array}$

⑥ $\begin{array}{r} 50 \\ +25 \\ \hline \end{array}$

⑦ $\begin{array}{r} 22 \\ +50 \\ \hline \end{array}$

⑧ $\begin{array}{r} 88 \\ -10 \\ \hline \end{array}$

⑨ $\begin{array}{r} 56 \\ -30 \\ \hline \end{array}$

⑩ $\begin{array}{r} 25 \\ -10 \\ \hline \end{array}$

⑪ $\begin{array}{r} 86 \\ -30 \\ \hline \end{array}$

⑫ $\begin{array}{r} 98 \\ -70 \\ \hline \end{array}$

⑬ $\begin{array}{r} 46 \\ -20 \\ \hline \end{array}$

⑭ $\begin{array}{r} 85 \\ -60 \\ \hline \end{array}$

⑮ $\begin{array}{r} 72 \\ -30 \\ \hline \end{array}$

4일차 □ 안의 수와 덧셈과 뺄셈의 관계 알기 ①

○ 다음 계산을 하세요.

①
$$
\begin{array}{r}
2\ 4 \\
+\ 4\ 4 \\
\hline
\boxed{}
\end{array}
$$

④
$$
\begin{array}{r}
6\ 8 \\
+\ 2\ 1 \\
\hline
\boxed{}
\end{array}
$$

⑦
$$
\begin{array}{r}
3\ 9 \\
-\ 2\ 7 \\
\hline
\boxed{}
\end{array}
$$

②
$$
\begin{array}{r}
7\ 2 \\
+\ 2\ 7 \\
\hline
\boxed{}
\end{array}
$$

⑤
$$
\begin{array}{r}
9\ 9 \\
-\ 5\ 1 \\
\hline
\boxed{}
\end{array}
$$

⑧
$$
\begin{array}{r}
7\ 9 \\
-\ 4\ 7 \\
\hline
\boxed{}
\end{array}
$$

③
$$
\begin{array}{r}
1\ 3 \\
+\ 6\ 5 \\
\hline
\boxed{}
\end{array}
$$

⑥
$$
\begin{array}{r}
9\ 8 \\
-\ 4\ 8 \\
\hline
\boxed{}
\end{array}
$$

⑨
$$
\begin{array}{r}
5\ 6 \\
-\ 3\ 3 \\
\hline
\boxed{}
\end{array}
$$

○ □ 안에 알맞은 수를 써 보세요.

①
$$
\begin{array}{r}
\boxed{}\ 2 \\
+\ 1\ \boxed{} \\
\hline
4\ 5
\end{array}
$$

③
$$
\begin{array}{r}
\boxed{}\ 3 \\
+\ 2\ \boxed{} \\
\hline
7\ 6
\end{array}
$$

⑤
$$
\begin{array}{r}
\boxed{}\ 4 \\
+\ 3\ \boxed{} \\
\hline
8\ 7
\end{array}
$$

②
$$
\begin{array}{r}
\boxed{}\ 9 \\
-\ 3\ \boxed{} \\
\hline
4\ 2
\end{array}
$$

④
$$
\begin{array}{r}
\boxed{}\ 5 \\
-\ 6\ \boxed{} \\
\hline
2\ 2
\end{array}
$$

⑥
$$
\begin{array}{r}
\boxed{}\ 8 \\
-\ 5\ \boxed{} \\
\hline
4\ 6
\end{array}
$$

○ 다음 계산을 하세요.

❶ $15+43=$ ☐   ❹ $31+31=$ ☐   ❼ $79-31=$ ☐

❷ $10+22=$ ☐   ❺ $88-65=$ ☐   ❽ $58-26=$ ☐

❸ $23+25=$ ☐   ❻ $95-40=$ ☐   ❾ $99-80=$ ☐

○ 덧셈식을 보고 뺄셈식 2개를, 뺄셈식을 보고 덧셈식 2개를 만들어 보세요.

❶ $40+30=$ ☐
→ ☐$-30=$ ☐
  ☐$-40=$ ☐

❹ $80-20=$ ☐
→ $20+$ ☐$=$ ☐
  $60+$ ☐$=$ ☐

❷ $70-60=$ ☐
→ $60+$ ☐$=$ ☐
  $10+$ ☐$=$ ☐

❺ $14+50=$ ☐
→ ☐$-14=$ ☐
  ☐$-50=$ ☐

❸ $20+70=$ ☐
→ ☐$-20=$ ☐
  ☐$-70=$ ☐

❻ $43-30=$ ☐
→ $30+$ ☐$=$ ☐
  $13+$ ☐$=$ ☐

○ 두 수의 합이 다음과 같을 때, □ 안에 알맞은 수를 써 보세요.

❶ 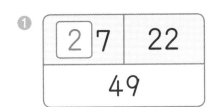 ❹ 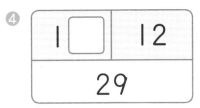 ❼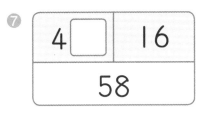

❷ 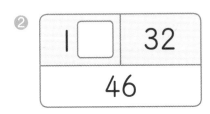 ❺ 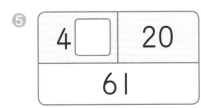 ❽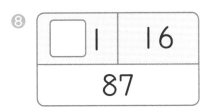

❸ 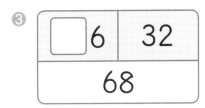 ❻ 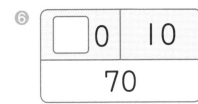 ❾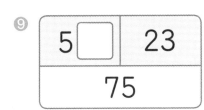

○ 두 수의 차가 다음과 같을 때, □ 안에 알맞은 수를 써 보세요.

❶ 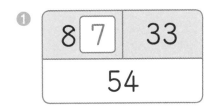 ❹ 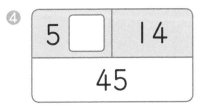 ❼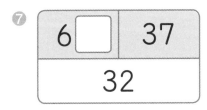

❷ 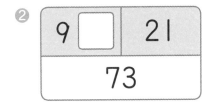 ❺ 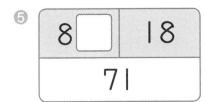 ❽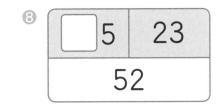

❸ 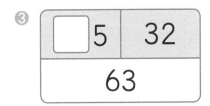 ❻ 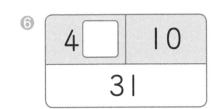 ❾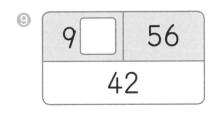

◯ 덧셈과 뺄셈의 관계를 생각하며, ☐ 안에 알맞은 수를 써 보세요.

❶ $54 - 32 = \boxed{}$

→ $32 + \boxed{} = 54$

$\boxed{} + 32 = 54$

❷ $23 + 53 = \boxed{}$

→ $\boxed{} - 23 = \boxed{}$

$\boxed{} - 53 = \boxed{}$

❸ $51 + 47 = \boxed{}$

→ $\boxed{} - 51 = \boxed{}$

$\boxed{} - 47 = \boxed{}$

❹ $75 - 43 = \boxed{}$

→ $\boxed{} + 43 = 75$

$43 + \boxed{} = \boxed{}$

❺ $45 - 21 = \boxed{}$

→ $21 + \boxed{} = 45$

$\boxed{} + 21 = 45$

❻ $48 + 21 = \boxed{}$

→ $\boxed{} - 48 = 21$

$\boxed{} - 21 = \boxed{}$

❼ $35 + 22 = \boxed{}$

→ $\boxed{} - 35 = 22$

$\boxed{} - 22 = \boxed{}$

❽ $49 - 15 = \boxed{}$

→ $\boxed{} + 15 = \boxed{}$

$15 + \boxed{} = 49$

1. 다음 계산을 하세요.

❶ $75+20=$ ☐

❸ $62-40=$ ☐

❷ $43+36=$ ☐

❹ $78-23=$ ☐

❺
```
    2 4
  + 6 0
```
☐

❻
```
    7 5
  - 2 0
```
☐

❼
```
    3 4
  + 6 3
```
☐

❽
```
    8 6
  - 4 4
```
☐

2. 다음을 계산하여 계산 결과가 큰 순서대로 빈칸에 기호를 써 보세요.

㉮ $24-3$ ㉯ $16+13$ ㉰ $21+4$ ㉱ $30-10$

_____ , , ,

3. 다음 숫자 카드 중 가장 큰 수와 가장 작은 수의 차를 구해 ☐ 안에 써 보세요.

50 20 70 60   ☐

4. □ 안에 알맞은 수를 써 보세요.

①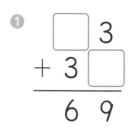

$$\begin{array}{r} \square\,3 \\ +\ 3\,\square \\ \hline 6\ 9 \end{array}$$

②
$$\begin{array}{r} \square\,7 \\ -\ 5\,\square \\ \hline 4\ 1 \end{array}$$

③
$$\begin{array}{r} 6\,\square \\ -\ \square\,5 \\ \hline 1\ 1 \end{array}$$

5. □ 안에 알맞은 수를 써 보세요.

① □ + 12 = 56 　⟷　 56 − □ = 12

② 56 − □ = 44 　⟷　 12 + □ = 56

6. 계산 결과를 비교하여 ○ 안에 > 또는 <를 알맞게 써 보세요.

① 48 + 30 ○ 94 − 30 　　② 62 + 24 ○ 99 − 14

7. 과일 가게에 귤이 10개씩 8봉지와 낱개 7개가 있었는데, 10개씩 3봉지를 팔았습니다. 남아 있는 귤은 몇 개인지 식을 쓰고 답을 구해 보세요.

 식 _____　　　 답 □ 개

와이즈만 영재교육연구소 지음

해답

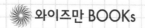

● 14~15쪽

도움말

100이 되는 두 수는 (1, 9), (2, 8), (3, 7), (4, 6), (5, 5)와 같습니다. 두 수의 조합으로 두 자리 수를 만들고 조건에 맞는 수를 찾아 보세요.

● 16~17쪽

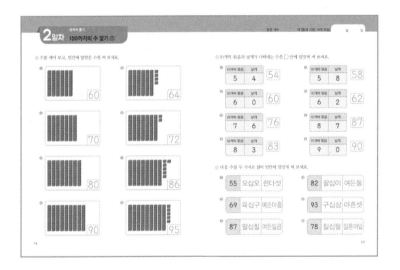

● 18~19쪽

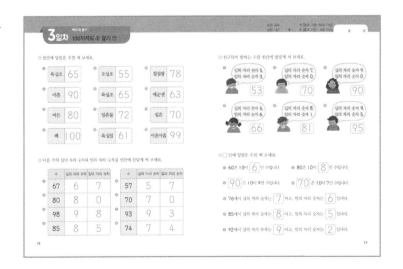

●20~21쪽

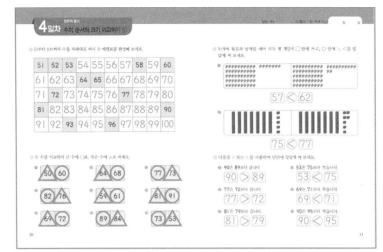

●22~23쪽

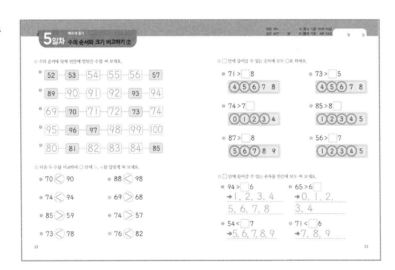

●24~25쪽

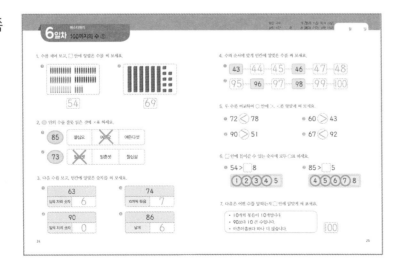

●30~31쪽

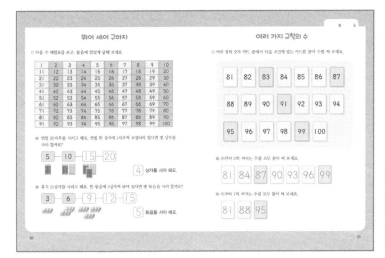

도움말

5자루씩 포장된 연필은 5씩 뛰어 센 수를, 3상자씩 묶어 파는 휴지는 3씩 뛰어 세어 몇 번 뛰어센 수인지를 구합니다.

●32~33쪽

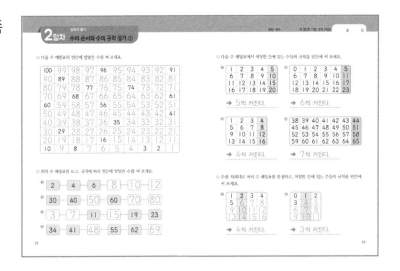

●34~35쪽

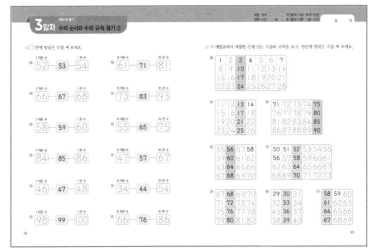

도움말

주어진 수들의 규칙을 살펴보고, 위에서 아래로 몇 씩 뛰어 센 수를 쓰면 되는지 알아보세요.

● 36～37쪽

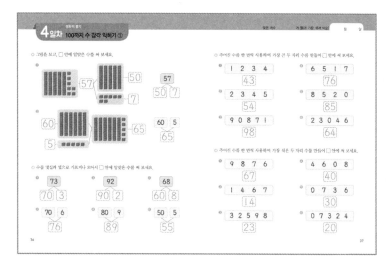

도움말

가장 큰 두 자리 수는 주어진 수 중 가장 큰 수를 십의 자리 숫자로, 다음으로 큰 수를 일의 자리 숫자로 합니다.

● 38～39쪽

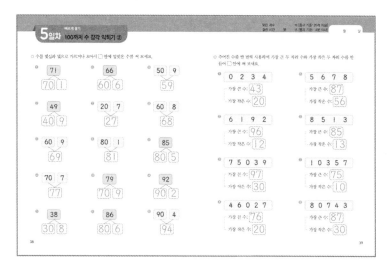

● 40～41쪽

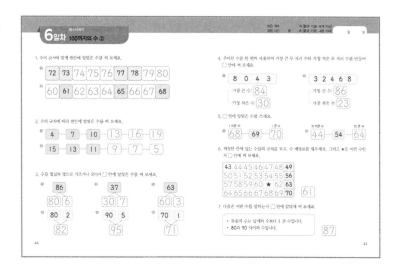

3주차 받아올림이 없는 (두 자리 수)+(한 자리 수)

● 46~47쪽

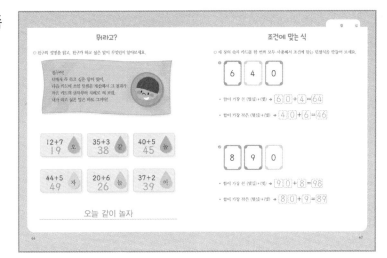

도움말

❷ 수 카드로 만들 수 있는 몇십은 80 또는 90입니다. 따라서 합이 가장 큰 몇십은 90, 가장 작은 몇십은 80입니다.

● 48~49쪽

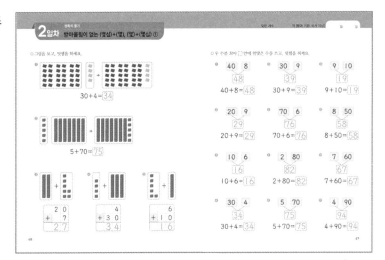

● 50~51쪽

●52〜53쪽

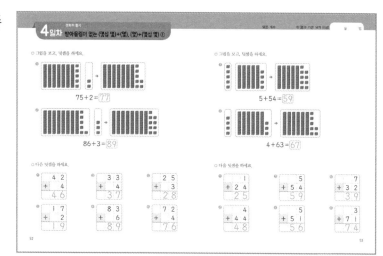

●54〜55쪽

도움말

일의 자리 숫자끼리 더하여 쓰고, 십의 자리 숫자는 자릿값에 맞게 그대로 내려 씁니다.

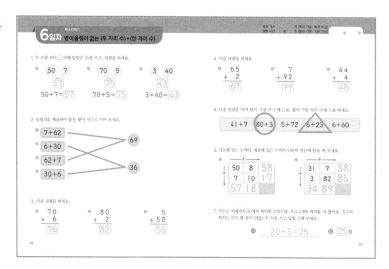

●56〜57쪽

도움말

5. 앞에서부터 계산한 덧셈식의 결과는 48, 83, 77, 29, 66입니다.

4주차 받아올림이 없는 (두 자리 수)+(두 자리 수)

● 62~63쪽

도움말

저울에 올려진 과일이 나타내는 수를 더해서 구합니다. 세 개의 과일이 올려져 있는 곳은 두 수를 더하고 그 결과에 나머지 한 수를 더하면 됩니다.

● 64~65쪽

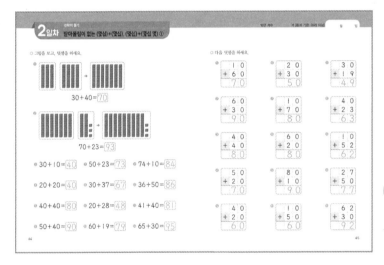

도움말

몇십과 몇십의 합은 일의 자리 숫자는 0이고 십의 자리 숫자끼리 더하여 십의 자리에 씁니다.

● 66~67쪽

3일차 빼기구 풀기 받아올림이 없는 (몇십)+(몇십), (몇십)+(몇십 몇) ②

○ 다음 덧셈을 하세요.

50 +30 = 80	50 +40 = 90	18 +40 = 58
80 +10 = 90	60 +10 = 70	42 +20 = 62
10 +30 = 40	10 +22 = 32	35 +40 = 75
50 +10 = 60	30 +68 = 98	44 +30 = 74
70 +20 = 90	70 +23 = 93	29 +30 = 59

○ 다음 덧셈을 하세요.

● 70+20=90   ● 50+14=64   ● 54+40=94
● 10+20=30   ● 20+33=53   ● 37+20=57
● 30+50=80   ● 80+16=96   ● 27+50=77

○ 가로에 있는 수끼리, 세로에 있는 수끼리 더하여 빈칸에 합을 써 보세요.

30	60	90
40	20	60
70	80	

70	26	96
13	20	33
83	46	

20	30	50
50	10	60
70	40	

40	37	77
24	20	44
64	57	

8

●68~69쪽

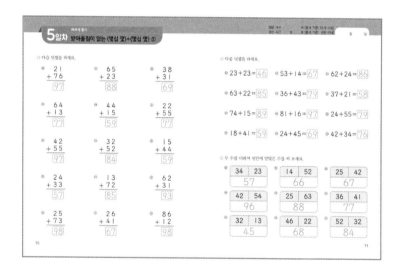

●70~71쪽

●72~73쪽

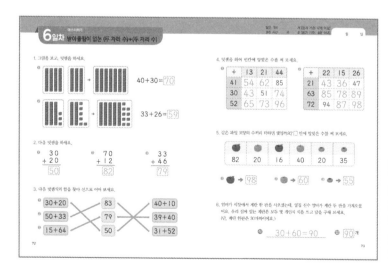

도움말

2. 두 자리 수끼리 덧셈은 일의 자리 숫자끼리 먼저 계산하여 일의 자리에 쓴 후, 십의 자리 숫자끼리 계산을 하여 십의 자리에 씁니다.

●78~79쪽

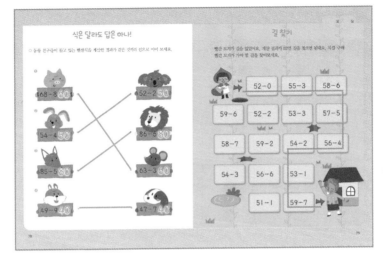

도움말

결과가 52가 되는 뺄셈식은 여러 가지입니다. 일의 자리 계산을 정확히 하여 알맞은 식을 찾아보세요.

●80~81쪽

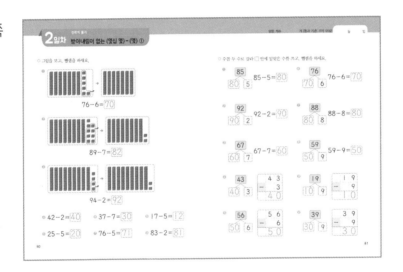

●82~83쪽

3일차 받아내림이 없는 (몇십 몇) - (몇) ②

○ 다음 뺄셈을 하세요.

● 24 - 3 = 21   ● 94 - 2 = 92   ● 26 - 6 = 20

● 59 - 6 = 53   ● 76 - 4 = 72   ● 79 - 9 = 70

● 37 - 3 = 34   ● 86 - 3 = 83   ● 99 - 9 = 90

● 68 - 6 = 62   ● 97 - 3 = 94   ● 66 - 6 = 60

● 47 - 3 = 44   ● 84 - 3 = 81   ● 28 - 8 = 20

○ 다음 뺄셈을 하세요.

9 8	7 6	7 6
- 5	- 3	- 6
9 3	7 3	7 0

4 4	4 8	4 7
- 3	- 6	- 7
4 1	4 2	4 0

7 5	5 5	5 9
- 3	- 2	- 9
7 2	5 3	5 0

2 8	1 8	7 4
- 6	- 5	- 4
2 2	1 3	7 0

9 5	9 7	2 5
- 3	- 6	- 5
9 2	9 1	2 0

도움말

일의 자리 숫자끼리 빼서 일의 자리에 쓰고 십의 자리 숫자는 자리값에 맞게 그대로 내려 씁니다.

●84~85쪽

○ 다음 뺄셈을 하세요.

```
  6 4        3 8        7 8
−   4      −   3      −   6
  6 0        3 5        7 2

  5 6        6 7        9 6
−   6      −   2      −   5
  5 0        6 5        9 1

  1 8        4 7        8 6
−   8      −   6      −   4
  1 0        4 1        8 2

  2 7        1 5        4 9
−   7      −   3      −   8
  2 0        1 2        4 1

  5 5        3 6        7 7
−   5      −   2      −   3
  5 0        3 4        7 4
```

○ 다음 뺄셈을 하세요.

```
  4 9        1 9        5 8
−   9      −   6      −   8
  4 0        1 3        5 0

  9 6        9 9        2 9
−   6      −   6      −   6
  9 0        9 3        2 3

  6 5        7 7        3 4
−   5      −   2      −   2
  6 0        7 5        3 2
```

○ □ 안에 알맞은 수를 써서 큰 수에서 작은 수를 빼는 뺄셈식을 만들고 차를 구하세요.

28	3		2	92		43	1

28−3=25   92−2=90   43−1=42

36	6		4	79		2	25

36−6=30   79−4=75   25−2=23

도움말

작은 수에서 큰 수를 뺄 수 없으므로 큰 수에서 작은 수를 빼는 뺄셈식을 쓰고 답을 구합니다.

●86~87쪽

○ 다음 뺄셈을 하세요.

26−6=20   19−5=14   15−2=13

52−2=50   98−5=93   37−4=33

48−5=43   27−1=26   68−6=62

55−3=52   67−5=62   69−4=65

57−4=53   99−8=91   46−3=43

○ 다음 뺄셈을 하세요.

```
  8 6        2 9        5 6
−   3      −   3      −   2
  8 3        2 6        5 4

  4 9        1 3        3 3
−   7      −   1      −   2
  4 2        1 2        3 1

  2 8        7 6        7 5
−   7      −   2      −   2
  2 1        7 4        7 3

  6 3        6 4        8 4
−   2      −   2      −   1
  6 1        6 2        8 3

  4 7        9 8        9 9
−   6      −   7      −   4
  4 1        9 1        9 5
```

●88~89쪽

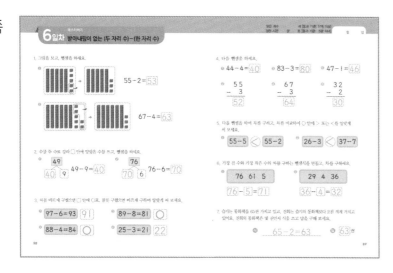

1. 그림을 보고, 뺄셈을 하세요.

55−2=53

67−4=63

2. 수모형 두 수의 갈림 안에 알맞은 수를 쓰고 뺄셈을 하세요.

49 → 40, 9   49−9=40

76 → 70, 6   76−6=70

3. 차를 바르게 구했으면 ○표, 잘못 구했으면 바르게 구하여 알맞게 써 보세요.

97−6=93   91
89−8=81   ○
88−4=84   ○
25−3=21   22

4. 다음 뺄셈을 하세요.

44−4=40   83−3=80   47−1=46

```
  5 5        6 7        3 2
−   3      −   3      −   2
  5 2        6 4        3 0
```

5. 다음 뺄셈을 하여 차를 구하고, 차를 비교하여 ○ 안에 > 또는 < 를 알맞게 써 보세요.

55−5 < 55−2   26−3 < 37−7

6. 가장 큰 수와 가장 작은 수의 차를 구하는 뺄셈식을 만들고, 차를 구해보세요.

76	61	5

76−5=71

29	4	36

36−4=32

7. 승기는 동화책을 65권 가지고 있고, 전희는 승기의 동화책보다 2권 적게 가지고 있어요. 전희의 동화책은 몇 권인지 식을 쓰고 답을 구해 보세요.

식 65−2=63   답 63 권

11

●94~95쪽

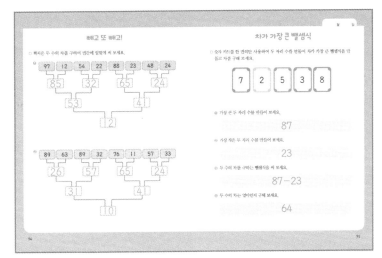

●96~97쪽

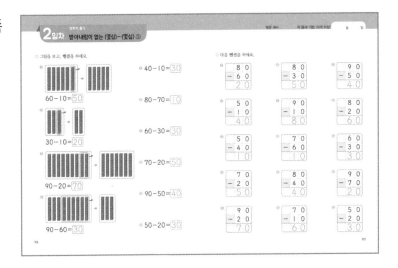

●98~99쪽

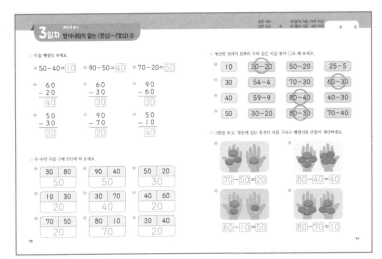

●100~101쪽

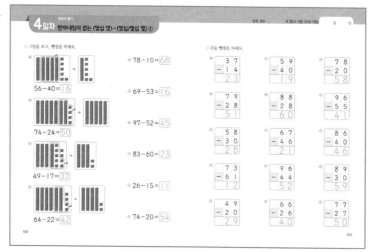

●102~103쪽

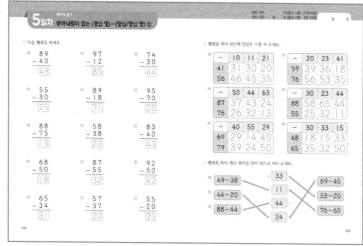

●104~105쪽

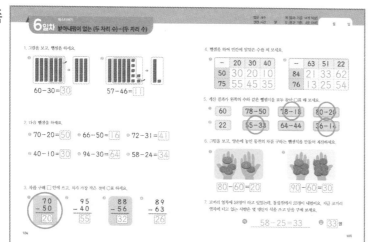

도움말

5. 식은 달라도 뺄셈의 결과가 같습니다. 정확히 계산하여 알맞은 식을 골라 보세요.

●110~111쪽

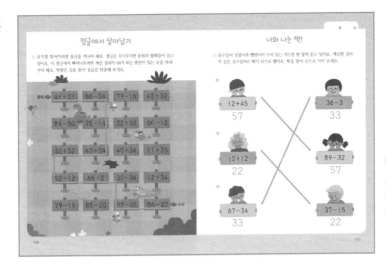

도움말

64가 되는 덧셈식 또는 뺄셈식을 찾아 선으로 이어 길을 찾아 봅니다. 덧셈인지 뺄셈인지 정확히 수식을 확인하여 답이 64가 되는지 확인합니다.

●112~113쪽

2일차 받아올림, 받아내림이 없는 (몇십 몇)과 (몇)의 계산 ①

다음 덧셈을 하세요.

2 4	+ 3
2 7

| 2 4 | + 5 |
| 2 9 |

| 1 | + 3 8 |
| 3 9 |

다음 뺄셈을 하세요.

| 4 4 | − 2 |
| 4 2 |

| 5 6 | − 3 |
| 5 3 |

| 6 5 | − 3 |
| 6 2 |

| 6 1 | + 6 |
| 6 7 |

| 3 5 | + 4 |
| 3 9 |

| 2 | + 2 7 |
| 2 9 |

| 6 8 | − 3 |
| 6 5 |

| 7 8 | − 5 |
| 7 3 |

| 5 2 | + |
| 5 0 |

| 5 1 | + 1 |
| 5 2 |

| 9 2 | + 7 |
| 9 9 |

| 4 | + 1 1 |
| 1 5 |

| 1 6 | − 3 |
| 1 3 |

| 3 8 | − 2 |
| 3 6 |

| 8 7 | − 2 |
| 8 5 |

| 6 2 | + 2 |
| 6 4 |

| 3 5 | + 4 |
| 3 9 |

| 2 | + 5 3 |
| 5 5 |

| 9 5 | − 4 |
| 9 1 |

| 2 5 | − 3 |
| 2 2 |

| 9 4 | − 4 |
| 9 0 |

| 4 2 | + 4 |
| 4 6 |

| 1 1 | + 7 |
| 1 8 |

| 7 4 | + 3 |
| 7 7 |

| 8 6 | − 6 |
| 8 0 |

| 4 9 | − 7 |
| 4 2 |

| 4 7 | − 3 |
| 4 4 |

●114~115쪽

3일차 받아올림, 받아내림이 없는 (몇십 몇)과 (몇)의 계산 ②

다음 계산을 하세요.

41+7=48 1+46=47 77-4=73

53+2=55 6+22=28 98-3=95

94+3=97 39-2=37 86-4=82

8+61=69 48-7=41 65-4=61

7+42=49 27-3=24 19-7=12

다음 계산을 하세요.

| 9 2 | + 6 |
| 9 8 |

| 1 3 | + 5 |
| 1 8 |

| 1 9 | − 3 |
| 1 6 |

| 2 3 | + 6 |
| 2 9 |

| 8 5 | + 4 |
| 8 9 |

| 3 4 | − 3 |
| 3 1 |

| 6 3 | + 2 |
| 6 5 |

| 1 6 | + 3 |
| 1 9 |

| 9 5 | − 4 |
| 9 1 |

| 8 2 | + 6 |
| 8 8 |

| 6 7 | − 5 |
| 6 2 |

| 2 8 | − 5 |
| 2 3 |

| 4 1 | + 8 |
| 4 9 |

| 7 5 | − 2 |
| 7 3 |

| 5 6 | − 4 |
| 5 2 |

도움말

받아올림이 없는 계산이므로 머리셈으로 빠르게 답을 구하는 연습을 많이 하여 연산의 수 감각을 키우도록 합니다.

●116～117쪽

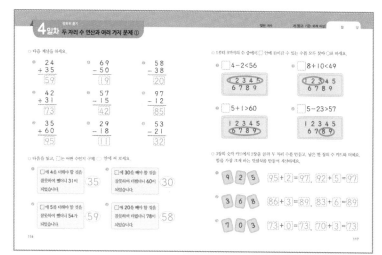

도움말

덧셈 또는 뺄셈이 있는 수식의 일의 자리 숫자끼리의 계산 결과를 비교하는 수의 일의 자리 숫자와 비교하여 □ 안에 알맞은 수를 골라보세요.

●118～119쪽

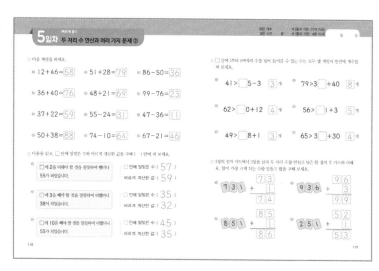

도움말

합이 가장 큰 덧셈식은 두 가지 이지만 결과는 같습니다.
73+1 또는 71+3
85+1 또는 81+5
96+3 또는 93+6
52+1 또는 51+2

●120～121쪽

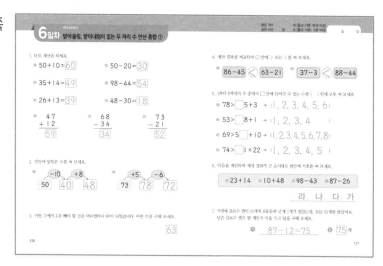

15

● 126~127쪽

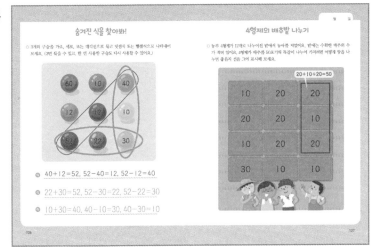

숨겨진 식을 찾아봐!

3개의 구슬을 가로, 세로, 또는 대각선으로 묶고 덧셈식 또는 뺄셈식으로 나타내어 보세요. (3번 묶을 수 있고, 한 번 사용한 구슬도 다시 사용할 수 있어요.)

- 40+12=52, 52−40=12, 52−12=40
- 22+30=52, 52−30=22, 52−22=30
- 10+30=40, 40−10=30, 40−30=10

4형제의 배추밭 나누기

20+10+20=50

10	20	20
20	20	10
10	20	20
30	10	10

도움말

세 수의 합이 50이 되도록 땅을 세 칸씩 나누어 보세요. 10+20+20, 30+10+10이 되도록 칸을 나누어 보세요.

● 128~129쪽

2일차 받아올림, 받아내림이 없는 (몇십 몇)과 (몇십)의 계산 ①

다음 덧셈을 하세요.

- 24 + 30 = 54
- 36 + 50 = 86
- 60 + 38 = 98
- 65 + 30 = 95
- 75 + 20 = 95
- 20 + 74 = 94
- 51 + 40 = 91
- 12 + 80 = 92
- 40 + 53 = 93
- 62 + 20 = 82
- 30 + 11 = 41
- 60 + 22 = 82
- 47 + 50 = 97
- 30 + 27 = 57
- 50 + 24 = 74

다음 뺄셈을 하세요.

- 44 − 20 = 24
- 64 − 20 = 44
- 67 − 50 = 17
- 68 − 50 = 18
- 68 − 50 = 18
- 49 − 30 = 19
- 86 − 10 = 76
- 45 − 20 = 25
- 73 − 30 = 43
- 95 − 70 = 25
- 38 − 20 = 18
- 98 − 60 = 38
- 86 − 70 = 16
- 52 − 40 = 12
- 72 − 40 = 32

도움말

수의 가르기와 모으기, 한 자리 수의 덧셈과 뺄셈 등 지금까지 연습해 온 여러 가지 수 감각을 총동원하여 빠른 머리셈에 도전해 보세요.

● 130~131쪽

3일차 받아올림, 받아내림이 없는 (몇십 몇)과 (몇십)의 계산 ②

다음 계산을 하세요.

- 70+23=93
- 65+30=95
- 67−30=37
- 10+88=98
- 41+37=78
- 46−30=16
- 23+65=88
- 85−10=75
- 75−30=45
- 50+36=86
- 45−20=25
- 47−15=32
- 21+40=61
- 66−40=26
- 93−12=81

다음 계산을 하세요.

- 45 + 20 = 65
- 50 + 25 = 75
- 86 − 30 = 56
- 29 + 60 = 89
- 22 + 50 = 72
- 98 − 70 = 28
- 52 + 20 = 72
- 88 − 10 = 78
- 46 − 20 = 26
- 21 + 50 = 71
- 56 − 30 = 26
- 85 − 60 = 25
- 37 + 60 = 97
- 25 − 10 = 15
- 72 − 30 = 42

■ 1~6일차 마스터 스티커

■ 주별 마스터 스티커